作者简介

张丽，仲恺农业工程学院农业与生物学院特聘副教授，硕士生导师，负责讲授"植物学""植物学实习"等专业基础课程。先后毕业于北京师范大学、华南师范大学，生物学博士，曾在新加坡国立大学参与合作研究。在国内外学术期刊上发表论文 10 余篇，授权国家发明专利 3 件。获 2022 年仲恺农业工程学院"十佳教师"称号，广东省第六届高校青年教师教学大赛三等奖。

和尚猫，一个致力于以可视化故事形式向青少年展现中国历史、艺术和科技的创作团队，由历史学硕士、艺术硕士、设计师及各学科专家顾问组成。成员曾策划出版《画中有星空：中国古画中的天文世界》《万物运转的秘密》等多部图书。本书由于水主持创作，她的翻译作品先后两次被国家科技部评为"全国优秀科普作品"。

顾问简介

刘全儒，北京师范大学生命科学学院教授，博士生导师。北京植物学会理事，中国野生植物保护协会委员。从事植物分类学工作 30 余年，主持和参加过多项国家自然科学基金项目与省部级项目。参与《中国植物志》（英文版）《中国外来入侵植物志》《植物生物学》等 10 余部植物志、教材和科普著作的撰写，发表论文 90 余篇。

黄小峰，中央美术学院人文学院院长、教授。主要研究中国古代绘画史、书画鉴藏史。著有《古画新品录：一部眼睛的历史》《虢国夫人游春图：大唐丽人的生命瞬间》《中国人物画通鉴·西园雅集》等，译有柯律格的著作《大明：明代中国的视觉文化与物质文化》。

画中有花朵

中国古画中的花卉世界

张丽 和尚猫 著 ｜ 刘全儒 黄小峰 顾问

人民邮电出版社

北京

序　言

　　中国的传统绘画艺术历史悠久，博大精深。它既是一门高雅的艺术，也与当时的社会背景和科学发展密不可分。

　　中国的植物多样性异常丰富，作为农作物与花卉栽培已有 5000 多年的历史。中国的传统名花如梅花、牡丹、菊花、兰花、茶花等在世界各地早已享有盛誉，并深深地融入中国的传统书画艺术之中。我们在各个时代的杰出绘画作品中，均能寻找到花的影子。

　　2023 年初春的一天，我收到了植物学同门张丽老师的书稿《画中有花朵：中国古画中的花卉世界》。张丽老师请我对本书进行审阅，并为本书作序，而我刚好正在开设"观赏植物学"课程，这对我何尝不是一个学习的过程？

　　纵观全书，共含 13 个单元，每个单元围绕一幅中国古画展开；而各个单元又包括古画中的故事、名画记和花卉志 3 个部分。这些古画的时代，从东汉画像砖到清代的植物画卷《春祺集锦图》，前后跨越近 2000 年，种类包含画像砖、壁画、绢本画、纸本画等，它们均代表了所处时代的精品。张丽老师的解读行文流畅，文字言简意赅，科学概念深入浅出、表述准确。

　　透过本书，你会走进历史的长河、置身画中故事发生的场景，你会体验到古代文人的浪漫，你会发现原来生活中处处有花朵。

　　诚然，这是一本小书，但以小见大，希望能给广大读者带来收获，带来愉悦。

　　是为序。

刘全儒

北京师范大学生命科学学院

2023 年 3 月 3 日于北京

前　言

植物在地球上的出现远远早于人类。具备光合作用能力的生物，出现在 30 多亿年前。被子植物，即种子有果皮包被的植物，也叫作有花植物，于 1 亿年前大量出现并飞速演化，形成了 20 多万个物种。被子植物遍及世界后，直到距今约 20 万年前，早期智人才出现。从那时起，经历了约 20 万年的合作、斗争、了解、融合，被子植物在人类社会中拥有了丰富的角色。

花是被子植物演化出的独特的繁殖器官，也是被子植物间差异最大的器官，更是古往今来，人类辨识植物、安全利用植物资源的主要依据。花独特的颜色、形状、气味特征还给人带来丰富的美感体验。无论人类是出于哪种需求，花吸引了他们的目光，与他们产生了联系。

中国古人透过对花的观察，将花不知不觉地引入社会生活。他们不仅根据花期总结物候规律，指导农业生产，也尝试大量培植花用于观赏，并将这些培植经验记录在花谱中，形成早期的植物科学著作。文人寄情于花，借用花的形态和习性来抒发情感，使花变成一种美丽的思潮。于是，花文化便形成了，并成为中国文化的重要组成部分。随着中外交流的开展，中国植物和花文化一路传播，在世界各地碰撞、融合和发展。

花、花卉、花朵，指代重点不同。"花"是植物学名词，强调结构，它的定义为具有繁殖功能的变态短枝；完全花由花梗、花托、花萼、花冠、花蕊组成，缺少其中一个或多个部分的，叫作不完全花。"朵"本义为团状物，"花朵"指花展开供欣赏的部分。"卉"指草，"花卉"通常指观花植物。这本《画中有花朵：中国古画中的花卉世界》从古画描绘的花朵形态出发，讲解对应花卉植物的文化、历史和科学故事。书中选取了 13 幅古画进行重点讲解，同时搭配另外 40 余幅相关古画，辨识并介绍了约 90 个古人关注的花卉物种。

本书是一本跨学科的科普读物，像是在破译由"花卉语言"书写的中国乃至世界历史。感谢我的恩师刘全儒教授、我的挚友彭海玉老师提供的专业意见和帮助。书中仍有不足之处，欢迎批评指正。

张丽

2023 年 4 月 13 日

本书使用说明

本书共含13个单元，每个单元围绕一幅中国古画展开，不是干巴巴的知识介绍，而是用故事驱动。跟随每幅古画，你会走进历史的长河，回到画中故事发生的场景，用双眼直观地感受当时的人、事、物，历史、地理、器物、服饰、娱乐、中外交流……各种知识，充满趣味，扑面而来。

在这场跨越近2000年的时光旅行中，你会发现古人的浪漫，生活处处有花朵，处处离不开花朵，花朵扮演着重要的角色。更重要的是，你会找到一个问题的答案：为什么在今天是这种花深受喜爱，而不是那种花呢？

每个单元有3个部分：古画中的故事、名画记和花卉志。

第1部分为"古画中的故事"：根据各学科研究资料，尽量还原画中场景，用轻松的故事形式，带领你走进画中。

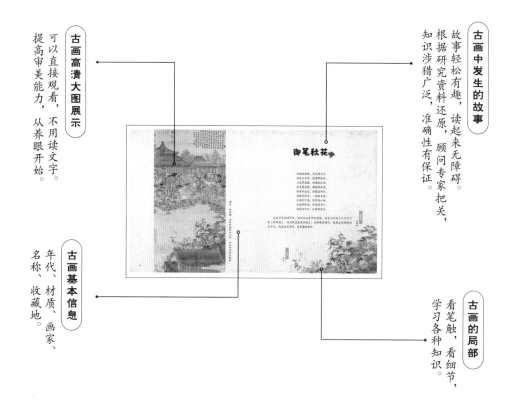

古画高清大图展示
可以直接观看，不用读文字，提高审美能力，从养眼开始。

古画中发生的故事
故事轻松有趣，读起来无障碍。根据研究资料还原，顾问专家把关，知识涉猎广泛，准确性有保证。

古画基本信息
年代、材质、画家、名称、收藏地。

古画的局部
看笔触，看细节，学习各种知识。

第 2 部分为"名画记"：从艺术和历史角度出发，介绍古画的基本资料，包括画家生平、创作背景和艺术价值等。

古画的小档案

画家是谁？什么时候创作的？为什么画成这样子？好在哪里？有什么影响呢？

古代各种图像

通过对比不同作品，帮助你更加了解古画。

第 3 部分为"花卉志"：分析画中的花朵元素，从现代植物学的角度出发，鉴定花朵物种，诠释它们的科学和历史含义。

画中花朵的古今

什么物种？有什么特征？在古代的栽培情况，为什么受到古人喜爱……

各种现代图像

科学绘画、示意图、照片等，帮助你了解花朵的科学知识。

温馨提示

本书共 13 个单元，从汉代到清代，时间跨越近 2000 年，但并不是连续的，也不能够串联起整个中国历史。它们是 13 个美妙的历史瞬间，你可以随意选取一个单元，开始自己的时光旅行。

梨花

金絲桃

桃花

目录

杏花

碧桃

莲叶何田田

浩苍穹，下有大汉。大汉泱泱，南有巴蜀。巴蜀之地，卧于群山间，中有平原，土地肥美，沃野千里，物产丰饶，乃天府之国也。

巴蜀多水患，大江横贯东西，河流遍布南北。昔有秦人李冰父子修都江堰，从此水旱从人，时无荒年。今有汉人因势利导，修陂（bēi）塘以数万计，引水灌溉稻田，塘中养鱼藕，民食稻鱼，乃天下粮仓也。

陂塘

人工修筑的蓄水池塘

每逢夏日，树绕村庄，水满陂塘。撑一叶扁舟，出门采莲，呜呼美哉！远有青山隐隐，近有莲叶连天，莲花过人头。鸭游莲花下，鱼戏莲叶间。轻拔木桨深处去，忽闻一声采莲曲，惊起一树飞鸟！

亚洲莲

莲科

08

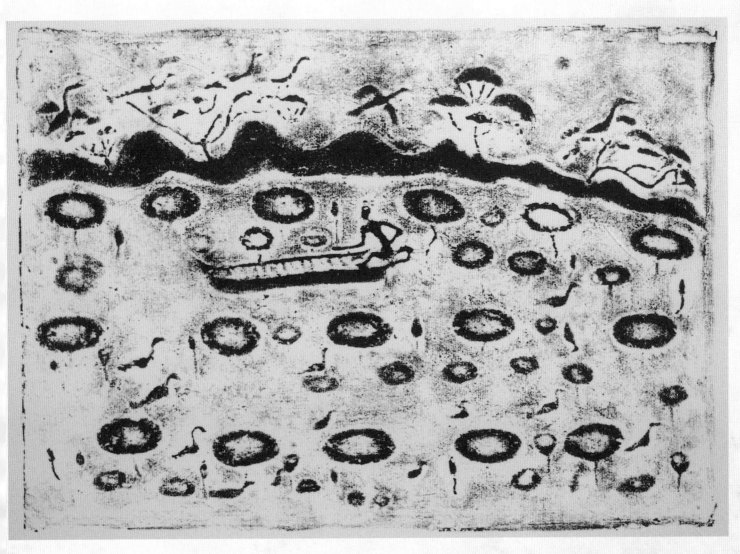

东汉画像砖　采莲图（拓本）　重庆中国三峡博物馆藏

名画记 雕刻生活

汉代厚葬之风盛行，大量画像砖被制作出来。这些泥砖是用来装饰墓室的建筑材料，上面刻画有想象中的神仙世界，还有现实中的生活百态，目的是希望逝者飞升成仙，继续在天界享受生前的美好生活。它们是人们了解2000余年前汉代文化的珍贵"照片"。说到画像砖发现最集中的地方，四川省可是数一数二。德阳市出土的《采莲图》画像砖便是这些发现中的一块，这幅画是它的拓本。

东汉画像砖 采莲图（复制品）

汉代以来，四川享有"天府之国"的美誉。它是全国著名的粮仓，水稻是主要农作物。人们利用自然地势，修筑蓄水的池塘——陂塘，在灌溉稻田的同时，也可以养殖鱼藕之类。正像汉代民歌《江南》描绘的那样，江南人民采莲、鱼儿嬉戏的情景，在当时四川也是真实存在的，多块类似的画像砖提供了很好的图像证明。

它们上面描绘了莲塘劳作的场景，人们或采莲或捕鱼，水中偶有鸭嬉戏。可以想象当时莲塘连片的景象，由此发展而来的水产养殖业是多么繁荣！

天府之国

巴蜀，这个地域概念在秦代以前就已经形成了。宋代将全国划分为15路，大概相当于现在15个省，巴蜀包括了西川路和峡路，后来又分这两路为益州路、梓（zǐ）州路、利州路、夔（kuí）州路，总称川峡四路，四川之名由此诞生。

巴蜀即四川盆地及其附近地区，周围大山环绕，长江横贯东西，支流遍布南北。在这里，河流冲积形成平原，土地肥沃，水源充足，物产丰富。这里是中华文明的发源地之一，三星堆遗址见证了近5000年前的灿烂辉

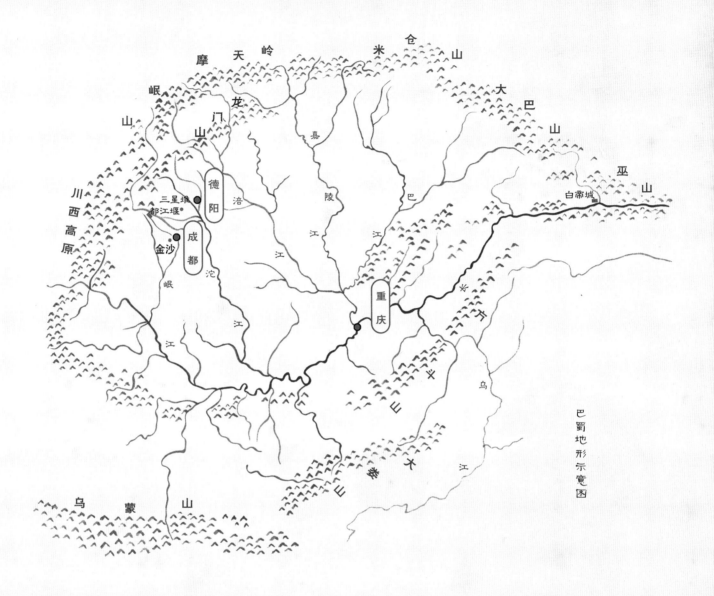

巴蜀地形示意图

煌。战国时期，秦国大力发展这里，其中李冰父子修建都江堰更是功不可没。经过两汉时期 400 余年的建设，巴蜀正式收获了"天府之国"的美誉。

有学者认为，天府是周代的官职名称，负责王室珍宝和重要档案的收藏和管理。后来天府便有了皇家宝库的意思。再后来，它演变为地域名称，指地势险固、物产富饶的地方。天府之国，这个称号最早由西汉开国功臣张良提出来，并很快流传开来。它并非特指巴蜀，还有众多地方也曾被称为天府之国，但只有巴蜀始终保有这个称号，从汉代直到今天。

花卉志 莲之古今

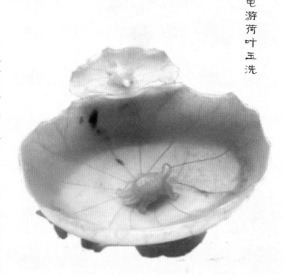

莲（*Nelumbo nucifera*）又称为荷，是莲科莲属植物。它在恐龙时代已经出现，约有 1.35 亿年的进化历史。原本莲属有 10 多个物种，在第四纪冰期物种大灭绝后，仅剩莲这唯一的物种。这种起源久远、进化缓慢、近缘物种几乎灭绝的"孤独的"植物，叫作孑（jié）遗植物。莲与红豆杉、银杏、珙桐等都是中国著名的孑遗植物。

莲又分为亚洲莲和美洲莲两个亚种，它们被太平洋隔离分布。中国古代的莲都是亚洲莲，花色是典型的红、粉、白色，缺少美洲莲独有的黄色。现在人们使用美洲莲与亚洲莲杂交，又培育出花色为绿、朱红色等莲的新品种。鉴定两种植物是否为同一物种，主要依据是生殖隔离是否存在，也就是说它们能不能产生可育的后代。有新研究表明，亚洲莲与美洲莲杂交后代的繁殖力较低，不能保证产生可育的后代，可能存在生殖隔离，于是提出把它们划分为两个物种，亚洲莲就直接叫作莲。目前这仍是学术界有争议的问题。

发达的根状茎（莲藕）和膨大的花托（莲蓬）是莲的辨识特征。画中（第 9 页）莲蓬清晰可见，所以绘制的应该是莲。一株莲的开花、结果时间并不整齐一致。它会陆续开花和结果，所以莲的花蕾、花、果、叶可以同时存在于一株植物上。

野生莲的生境为浅水水体，邻近早期人类文明的起源地，所以有被人类取食的天然优势。在7000 ～ 5000 年前的仰韶文化遗址，人们发现了和粮食放在一起的两粒莲子。周代已经有了挖掘莲

莲蓬

藕的记载："薮泽已竭，即莲掘藕。"北魏的《齐民要术》描述了"种藕法"和"种莲子法"。

从取食莲子、莲藕，人们学会了种植，也开始了观赏。早在公元前473年的春秋时期，吴王夫差就已经修筑"玩花池"赏莲。观莲节始于唐宋时期，每年农历六月二十四，人们泛舟湖上赏莲、放莲灯、吃莲做的食物。除了高寒地区，莲在河湖、池塘的浅水区被广泛种植，遍及中国。现在中国已经培育了800多个品种的莲，按照用途它们分为藕莲、子莲、花莲三大类别。

可见，莲是高产的水生蔬菜，又是重要的观赏植物。这种双重身份可以被描述为"高洁的蔬菜"，或者"能吃的美学载体"，所以它在中国饮食界和文化界都占据一席之地。

从莲发展而来的中国美学更贴近生活，随处可见。从青铜器、瓷器，到服饰、建筑，都有以莲为原型的设计。在画家笔下，莲的盛开与残败都展现着独特的味道。赞颂莲的文学作品，更是多不胜数。最著名的当属北宋周敦颐的《爱莲说》，他称赞莲是花之君子，象征出淤泥而不染的高洁品质，流传至今。

清代 恽冰 荷塘秋艳图

在中国历史上留名的女画家极少，恽（yùn）冰是其中一位。她是清代著名画家恽寿平的后代，活跃于康熙中期到乾隆初期（1692—1742）。这幅画叫作《蒲塘秋艳图》，但菖蒲并未出现。在浮藻点点的池塘中，几株亚洲莲亭亭玉立，红色重瓣，瓣型圆尖，齐丽却不俗气，充满生命力。它们可能是用来观赏花的"花莲"，清代是花莲培育的兴盛时期。

唐代壁画　乐舞图　陕西历史博物馆藏

花园乐舞

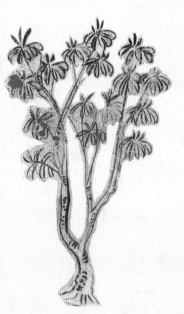

丝竹一声，双袖举起，又忽地甩开去。一抹惊鸿乍起，左旋右转，完全不知疲惫。只见女舞者的襦（rú）裙飘曳，帔（pèi）帛翻滚，那上面的斑斑花纹，好似绿叶迎风飞舞。

一旁的男舞者也毫不逊色，系着黑色革带的小腹虽微微突起，身姿却轻盈无比，竟然可以单脚独立。他勾起左脚，和女舞者相对而舞，旋转不停。

在小小的花毯上，两人快速地旋转，乐队旋转了，花园旋转了，整个世界都在欢快地旋转。这就是大名鼎鼎的胡旋舞！据说，大唐贵妃杨玉环和重臣安禄山，都是个中高手。女舞者雍容华贵，男舞者憨态可掬，有没有那两人传说中的风采呢？

15

那手拿竹竿的矮个小人儿相当抢眼。此人叫作"竹竿子"，负责念祷祝词，引出舞者。别看他个子小小，其貌不扬，要是放到现在，可相当于地位颇高的乐队指挥呢。

如此欢快的舞蹈，怎么少得了打击乐器伴奏！瞧，这位许是奏得尽兴，便站起身来，高举手中的铜钹，锵——锵——锵——一阵微风吹来，拂过砾石间的花草，撩起他抹额宝冠上的飘带，轻吻着翠竹，沙沙作响。

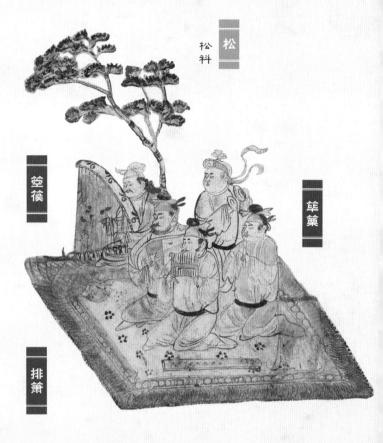

松
松科

箜篌

笙簧

排箫

男舞者

其余男乐工不敢如此忘乎所以，毕恭毕敬地跪坐在方毯上。他们虽身穿大唐的圆领袍服，头裹幞（fú）头，却一个个浓眉大眼、鼻梁高挺，想必都是胡人了。箜篌（kōng hóu）、琵琶、铜钹、筚篥（bì lì），也都是胡人乐器吧？

此时正值大唐盛世，沿着丝绸之路，许多胡人慕名来到长安城——这个著名的国际大都市。一时间，胡风盛行，人人吃胡食、听胡乐、看胡舞。当然，它们是经过改良的，毕竟这里的汉人居多嘛，胡汉融合才更受欢迎！

　　在柳树下，发髻高高竖起的女乐工，想必便是汉人了。除了和男乐工相同的箜篌，她们还手持形似筝、笙、拍板这些古老的汉人乐器，奏起动人的音符。和铜钹一样，拍板也属于打击乐器，节奏鲜明又欢快。打拍板的可不是男子，而是女扮男装的佳人。她梳着丫髻，穿圆领袍服，而不是飘曳的襦裙，这同样是当下流行的装扮。

　　这里正在表演的是胡部新声吧，一种胡汉融合的歌舞音乐？瞧，那位大腹便便的男歌者，正伸出手臂，和对面的女歌者一唱一和！他的歌声多么洪亮，竟连两颊都憋得通红了。还有一人拱手站立，不知是没轮到他开口，还是他准备坐下来弹一件形似筝的乐器。

　　这大唐盛世的歌舞音乐，上到帝王将相，下到平民百姓，人人喜爱。翠竹、杨柳、七叶树、青松，还有芭蕉，这美丽花园中的歌舞音乐，是为哪个贵族而舞，是为哪个高官而奏？

柳

笙

拍板

名画记 仍是精品

韩休生活在盛唐时期，是唐玄宗李隆基在位时的宰相，擅长写诗词。他和夫人柳氏的合葬墓位于陕西省西安市郭新庄村，这幅壁画绘制在墓室的东墙上，宽 3.92 米，高 2.27 米。画中有一个 14 人的小型歌舞乐队，由乐工、歌者、舞者和指挥组成，其中女歌者和弹箜篌的女乐工几乎脱落了。

画中有 4 处涂改，其中儿童和兔子是最开始绘制的，后来却被全部涂抹掉了。也许绘者没有仔细画草稿，因为画面巨大、内容复杂，出现了误差。这并不是什么大不了的事情，其他唐墓中的壁画也出现过类似情况。也许韩休家人突然改变了想法，要求进行修改。于是，儿童改为竹竿子，和他相呼应的兔子被方毯遮盖。为了使画面平衡，绘者又添加了跪地男歌者、站立男乐工和方毯上的筝。

尽管涂改破坏了整体美感，但这幅壁画仍属于唐墓壁画中的精品。除了藤黄色、草木的花青色和少量的赭（zhě）石色，它主要使用墨线勾画而成。这些线条非常流畅，尤其是衣服部分，有些线条足足半米多长，一笔画下来，生动地表现了人物的动态，具有极高的艺术水平！

竹竿子 涂掉儿童改成的

兔子 被方毯遮盖

乐工和筝 后来添加

歌者 后来添加

胡汉融合

　　唐代时，歌舞音乐空前繁荣，蓄养乐队之风盛行。除了宫廷、官府、军营，达官贵人也可以蓄养私人乐队。不过，对于乐队人数，唐代律法有着严格的规定。作为宰相的韩休，官级为四品，他畜养乐队中的女子不得超过 3 人，而画中人数多于规定，这显然不是他生前的真实生活。它可能是一种比较常见的墓室装饰，只是对当时达官贵人的娱乐生活的概括性描绘。有些唐墓中也出现了乐舞壁画，同样没有遵守唐代律法规定。

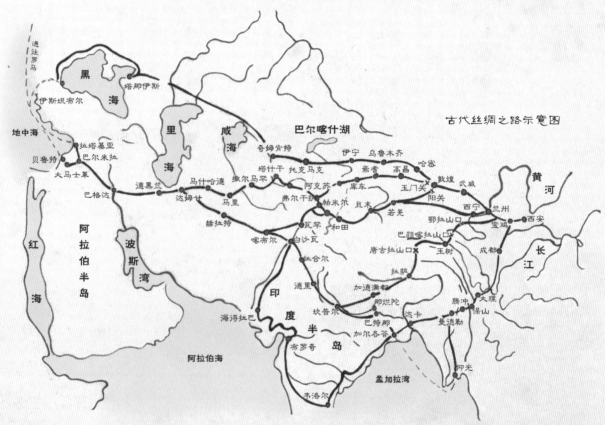

古代丝绸之路示意图

　　除了竹竿子，画中男子可能为胡人，女子可能为汉人。箜篌、琵琶、筚篥、铜钹为胡人乐器，其余为中原地区固有乐器。舞蹈可能为深受唐人喜爱的胡旋舞，源于中亚，以快速旋转而得名，但画中动作幅度较小，大概经过了改造。整个乐队可能正在表演胡部新声，它结合胡汉乐舞创作而来，将歌唱、舞蹈、器乐演奏融于一体，风靡于盛唐。

　　这些胡人来自生活在北方和西方的多个民族，以及更遥远的中亚、西亚，乃至欧洲。沿着丝绸之路，他们纷纷来到中原地区，推动了各民族文化的融合。盛唐时，作为国际大都市，长安人口近百万，其中胡人可能达 10 万以上，画中这支歌舞乐队正是胡汉融合的图像证明。

花卉志 芭蕉还是椰枣？

绘者的艺术水平和亡者家人的意愿是壁画内容的两个重要决定因素。作为唐代墓葬壁画，有时画面的象征意义大于写实意义。松、竹显示君子气节。柳、芭蕉（ *Musa basjoo* ）更具文学意境，与韩休的文学成就相呼应。七叶树是与无忧树、菩提树、娑罗树并列的四大佛树之一，从侧面反映了当时佛教的兴盛。

然而，位于画面中心的植物究竟是不是芭蕉呢？茎上的纹路与芭蕉假茎的纹路相似，也类似椰枣（ *Phoenix dactylifera* ）茎上残留的叶柄。叶向两侧发出平行纹路，叶片未完全开裂，与芭蕉叶的侧出平行脉更像。多串果实沿着叶生长，果实的着生位置与芭蕉、椰枣都不同，果串的数量与椰枣更相似，这应该不是完全写实的，而是加入了绘者的想象。从整体外形的相似程度来看，它应该是芭蕉。

芭蕉原产于中国南部及亚洲东南部的亚热带和热带地区，汉代起逐渐向北方引种，唐代时普遍栽植于园林和佛寺。椰枣来源于丝绸之路上的西亚，可以作为植物中的"胡"的代表，与画中人物的"胡汉"相呼应。唐代盛期，沿着丝绸之路，中原地区和西亚的交流极其频繁，椰枣的文化地位和象征意义也不逊于芭蕉。所以，有人认为中心植物是椰枣，看起来也有道理。

画中植物为芭蕉（中）
或椰枣（右）

1.茎上纹路无法确定。
2.叶鞘包裹形成的假干。
3.残留的叶柄。

1.未完全开裂。
2.叶基沿着叶脉开裂。
3.羽状全裂。

1.果柄沿叶柄伸出。
2.沿假杆顶端伸出。
3.从茎顶端伸出。

它们可以在长安生长吗？

无论椰枣还是芭蕉，这样喜热的物种能在长安生长吗？要解答这个问题，我们要分析从唐代至今以百年为时间单位的气候和植被变化情况。

化石是研究生物历史的重要依据，但是它反映的至少是以万年为时间单位的历史事件。土层中沉积的孢粉（孢子和花粉）证据主要用于以千年为时间单位的物种分布情况研究。物候研究正好能以百年或几十年为时间单位重塑气候和植被的历史变迁。

以竺可桢为代表的物候学者提出，唐代盛期处于历史上持续时间较长、较明显的暖湿期，年均温比现在高 1 ～ 2℃，高山的雪线也比现在高约 200 米。史书记载，公元 650 年、678 年、689 年冬季，长安无雪无冰。由此推测，当时我国气候带的纬度分布比现在可能向北迁移了 2 ～ 4 度，距离为 200 ～ 400 千米。当时长安更接近亚热带气候，即使无法支持亚热带物种的广泛生长，也至少具备局地栽种芭蕉或椰枣的气候条件。

当时不仅温度高于现在，水资源丰富度也较高，大量湖泊再生，水位和面积均大于现在，陕西、甘肃等西部地区降水充沛。温暖的气候和充足的降水使得农作物的种植面积增大、单位产量提高，连桑树、亚麻、竹子等经济作物也可以在西北相对干旱的地区大量种植；北方水草丰美，农牧交界带向北移动，游牧民族与农耕民族之间的冲突较少，社会繁荣稳定。许多学者认为，暖湿气候是促成大唐盛世出现的重要因素。

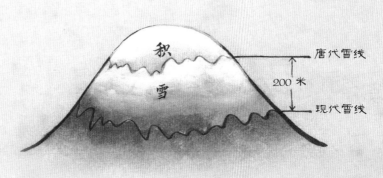

雪线随温度变化图

21

唐代壁画　都督夫人礼佛图　段文杰临摹　敦煌研究院藏

走向莫高窟

长长的花毯一字铺开，一群大唐丽人踏着春天缓缓而来。轻风摇华盖，一草一木，一花一鸟，皆是春之气息。

从隔壁的晋昌郡出发，乘马车而行，不疾不徐三日上下，方能抵达敦煌郡。虽然一路风尘仆仆，车马劳顿，她们却华服似锦，花簪满头，精神抖擞，想来是休整妥帖了、精心装扮一番后，才满怀恭敬之心，前来莫高窟礼佛。

百合

百合科

走在队伍最前方的都督夫人，通身世家大族的气派。头上的鎏金梳篦（bì）镶嵌着各色宝石，襦裙花纹皆是一针一线刺绣而成。鲜艳夺目的石榴裙更是当下流行的服饰，尽显大唐的丰腴与热烈。据说裙子是用茜草和石榴花染成，价值不菲，可对她来说，这并不稀奇。作为著名大族太原王氏的女儿，家境自不必多说。而她的丈夫晋昌郡都督，则掌管着当地军政大权。可见这份雍容华贵，源于自幼的耳濡目染和她常人不可企及的身份。

随同都督夫人欣然前来礼佛的，还有她的两个女儿。和怀抱香炉的母亲不同，十一娘手捧鲜花，双手合十，很是虔诚。那美丽的花形面靥，为她平添了几分少女的俏皮。十三娘头戴凤鸟步摇，随着缓缓行步，珠花摇曳生姿，惹眼程度一点儿不亚于满头簪花。她双手自然下垂，交叠于腹前，优雅又端庄，一派世家闺秀的风范。

300多年来，莫高窟开凿大小洞窟无数，由供养人出资。普通百姓没有那么多钱，只有多人集资，才能开凿小洞窟。而都督夫人一家呢，竟然出资开凿了偌大的第130窟，尽显世家大族实力！

华盖

贵官用的伞形遮盖物

都督夫人

晋昌郡都督的妻子

十一娘

都督夫人女儿

十三娘

都督夫人女儿

百合科捧花

如此隆重的场合，自然也少不得侍女随行。她们的装扮虽无法和主人相提并论，但依然时尚精致，远远超过普通百姓。和主人一样，执扇侍女梳倭堕髻，穿齐胸襦裙，只是朴素了许多，没了金银珠宝，也少了锦绣花纹。其余的侍女女扮男装，一袭圆领长袍，同样是当下的流行装扮。那个梳双垂髻的侍女，想必在当中地位最高吧，只有她的衣服上面刺绣着精致的花纹。

捧盆花侍女

蜀葵

锦葵科

此次礼佛之行，所用器物，一应俱全。头戴透额罗的侍女，端着联珠纹净瓶。正歪头看她的同伴，手里的丝绸下面，许是存放东西的箧（qiè）笥（sì）。走在她们前面的两名侍女，都捧着洁白的盆花，那是茶花还是牡丹呢？它们都属于名贵花卉，在热爱牡丹如痴的大唐，有些牡丹价值更是堪比黄金呢！无论是哪种，都足见都督夫人一家对此次礼佛之行的重视。

抬眼望去，鸣沙山连绵起伏，那崖壁上的莫高窟，诉说着无尽的庄严与沧桑。都督夫人一家，沐浴着明媚春光，踏着似锦繁花，一步一步，缓缓地，缓缓地走向第130窟，满怀虔诚之心，满怀善良愿望。

名画记 敦煌莫高窟

自公元前 1 世纪兴起，直到 16 世纪大航海时代，丝绸之路一直被认为是欧亚大陆的主要通道（见第 19 页古代丝绸之路示意图）。敦煌地区（今甘肃省敦煌市及其附近地区）正好位于枢纽位置，往东可以抵达中原地区；往西可以进入新疆地区，抵达中亚、西亚，联结欧洲。

于是，这里成为欧亚文化交流的中转站。大约公元 1 世纪，佛教经过这里传入中原地区。366 年，僧人乐僔（zǔn）云游到这里，在鸣沙山东崖壁开凿了第一个洞窟，从此洞窟营造活动持续了千余年，直到元代停止，共开凿洞窟 735 个，这就是中外闻名的莫高窟。这些洞窟是佛教活动的场所，其中保存有彩色塑像 2000 余尊，壁画 4.5 万平方米，动画片《九色鹿》就取材于第 257 窟壁画。

《都督夫人礼佛图》绘制在第 130 窟甬道南墙，原壁画已经大部分脱落了，这是敦煌研究院原院长段文杰的临摹作品。画中主角为都督夫人和两个女儿，她的丈夫乐庭瓌（guī）是唐代晋昌郡（今甘肃省瓜州县及其附近地区）的都督兼太守，大概相当于有军权的市长。这个有实力的家族是当时第 130 窟的供养人。这个洞窟有莫高窟第二大佛像，高达 26 米，比第一大佛像只低了 7 米。

供养人，指出资兴建洞窟的功德主，是营造莫高窟的强大力量。他们的形象通常被画在洞窟的墙壁上，表达对佛陀的恭敬虔诚和藏在心里的善良愿望。因为根据实际情况加工绘制而成，所以它们成为研究当时社会文化的重要图像资料。

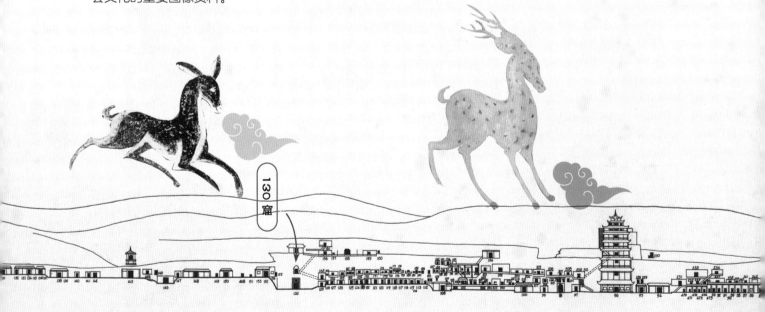

北魏壁画　九色鹿本生（局部）　莫高窟257窟

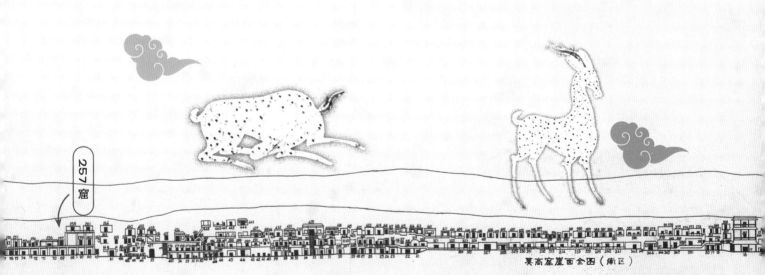

257窟

莫高窟崖面全图（南区）

花卉志 绿洲花韵

植物以自然植物、服饰纹样、簪花和捧花三种方式出现，使画面充满勃勃生机。

画中自然植物有阔叶乔木和草本植物。高山融雪形成的党河、疏勒河流经敦煌地区，孕育了一片片绿洲。唐代时，这里的主要生态系统类型仍是荒漠戈壁，有芨芨草、旱柳、白刺等耐旱植物广泛分布，其中还散落着生机勃勃的绿洲，有大量芦苇等湿生植物，推测这里也支持画中自然植被生长。当然，它们也可能是根据中原地区传来的画稿模板创作。

自唐代起，花卉成为纹样的一个主要类型，改变了从前以动物、神话为主的模式。四位女性衣服上的花纹，是唐代丰富植物纹样的缩影，但来自哪种植物无法辨识。

簪花，起源于汉代，唐宋时极为兴盛，人们几乎无花不簪。也正是在唐代，随着花卉需求量的增大，花卉的规模化培植和交易市场产生了。名贵花卉价格不菲，成为身份的象征。贵族女性之间更是形成了簪名花、斗名花、赏名花的风尚。

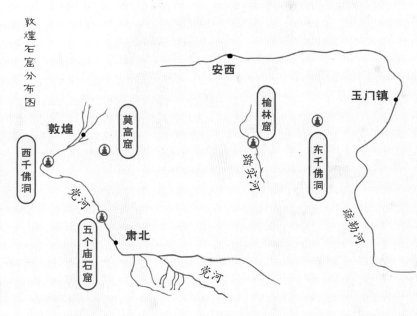

沿着繁荣的丝绸之路，这种风尚从中原地区向西传播到敦煌地区。画中都督夫人和她的两个女儿、侍女们的多朵簪花，都无法辨识物种。在唐代画家周昉（fǎng）的《簪花仕女图》中，四位仕女的簪花比较容易辨识，分别为牡丹、海棠、莲和芍药。

十一娘手捧一枝百合科的花用于礼佛，侍女手捧的白色花也用于礼佛，从五枚花瓣、绿色花蕊的特点来看，这些花难以与现实物种匹配。它们色泽洁白、花形饱满圆润，与牡丹、茶花都相似。如果再仔细观察，可以发现：它们的叶片是宽卵圆形，花瓣尖端内凹，多层花瓣不错位排列，与现代茶花的"白六角"品种更相近。

牡丹（Paeonia sect. Moutan spp.）泛指芍药科芍药属牡丹组植物，原产于中国，历史分布区较广。学者李嘉珏提出，现存9个野生牡丹种几乎都处于濒危状态，其中卵叶牡丹（Paeonia qiui）、紫斑牡丹（Paeonia *rockii*）为国家一级保护植物。秦汉典籍《神农本草经》记载了牡丹有除症结、去瘀血的药用价值，可能古人先是从药用角度认识了牡丹。大约到了隋代，栽培牡丹的品种记录出现了，但它们究竟起源于哪些牡丹野生种，现在仍然没有研究结论。不过，古人很快发现，栽培牡丹不具药效。于是，栽培牡丹的唯一目的便是观赏了。唐宋时期是牡丹观赏和培育的繁盛期。唐代牡丹有红、白、黄、紫色，它的颜色和花朵外形都显现出繁荣、富贵的气势，深受统治阶级喜爱，掀起了一股全民"牡丹热潮"。

　　茶花（*Camellia* spp.）是我国十大名花之一，泛指用于观赏的山茶属物种或品种。山茶属植物起源于亚洲西南地区，80% 的物种分布于中国，大约 8 世纪被日本僧人空海带回日本，17 世纪被引种到欧洲，之后在全球广泛培植。中国古代记载的茶花约有 131 个品种。唐代是茶花培育的兴起时期，当时茶花被称为"海榴""海石榴"，主要包括产自

牡丹

毛茛科

唐代　周昉　簪花仕女图（局部）

画中捧花可能为牡丹（中）或茶花（右）

西南的滇山茶（*Camellia reticulata*）和种植于沿海地区的山茶（*Camellia japonica*），宋代逐渐采用"山茶"称谓，所指物种的范围在之前基础上，又纳入了茶梅（*Camellia sasanqua*）。现在世界茶花品种有 3 万余种，主要是由滇山茶、山茶和茶梅这 3 个物种及其杂交种组成。除了观赏，山茶属还有重要经济价值，得到广泛培植的相关物种还包括用于榨油的油茶（*Camellia oleifera*），以及用于生产茶叶的茶（*Camellia sinensis*）。

芳草萋萋

<big>从</big>大唐都城长安出发，一路骑马向西，如果不疾不徐地行进的话，大概四个月便来到了高昌城。这里是荒漠中的一片绿洲，水土肥沃，草木茂盛，繁荣富庶。各地来往于大唐的商人们，都喜欢在这里歇歇脚，补充些干粮，喂喂运货的骆驼。

唐代壁画 六屏花鸟图 新疆吐鲁番阿斯塔那墓群原址保存

此时，正值花开的季节，阳光明媚，空气湿润。远处火红的赤石山若隐若现，飞鸟在云朵间翱翔。近处一条宽阔的大河，在宁戎谷静静流淌，滋养着这片绿洲。瞧，许多鸟儿在河边的草地上栖息。

这只鸟是个伪装高手，几乎和近似玉竹的植物融为一体，即使天敌来了，也很难发现它。如此这般，才好安心休憩（qì）。它把嘴巴藏在翅膀中，眯起眼睛，打起盹儿来。

作为百鸟之王，孔雀正教孩子们觅食呢。在清香的近似大花葱的植物下，它们啄啄草叶，找找小虫，其乐融融。

赤麻鸭憨态可掬，却一副若有所思的样子，也许只是在发呆而已。旁边的鸳鸯昂起头，抖动着五彩羽毛。它炫耀自己的美丽，可不只为了和众鸟比美、和鲜花争艳，而是想找个伴儿，一起白头偕老。

两只绿头鸭闻着水仙花香，慵懒地依偎在一起，看上去与世无争。相比之下，环颈雉可就威风多了！它昂首挺胸，翘起尾巴，气势一点儿也不输鸳鸯，靓丽的身姿能和孔雀一争高下。

如此的花儿，如此的鸟儿，在这里颇受欢迎，在那遥远的长安城更是人见人爱。沿着丝绸之路，许多人迁移到这里生活，尽管远隔千山万水，尽管岁月流逝，有些习俗却是一样的，不会轻易改变，毕竟大家都是大唐子民嘛！

名画记 屏风壁画

在新疆维吾尔自治区吐鲁番市东南部，有一座古城遗址，今称高昌故城。从汉代开始，它曾先后成为高昌壁、高昌郡、高昌国、西州、高昌回鹘（hú）王国的首府，又地处东西交通枢纽，也是丝绸之路上的重要城镇（见第 19 页古代丝绸之路示意图）。元代以后，这座名城走向衰落，大约在 14 世纪荒废。

这幅壁画出土于高昌故城居民的公共墓地——阿斯塔那墓群。画面高 1.5 米、宽 3.75 米，由 6 个部分组成，是按照六扇屏风的样子绘制的。类似的屏风壁画也出现在唐代中原地区的墓室中。唐代时，沿着繁荣的丝绸之路，人口不断迁移，汉族早已成为这里的主体民族，来自中原地区的汉文化也融入了当地人的生活。

我国古人认为，事死如事生，即对待逝者要像生前一样孝敬。作为古人日常生活中的重要家具，屏风的主要用途为挡风或分割室内空间。这里它被绘制在墓室后壁，是对现实生活场景的一种模拟，期望逝者可以继续享乐天界。这样看来，不仅是屏风等生活器物，中原地区的丧葬礼仪也向西传到了高昌故城。

近似大花葱

百合科

画中的一扇屏风

花卉志 荒漠绿洲

植物常扮演文化使者的角色。在这幅唐代壁画中，6 种花朵形态美丽，可以供人观赏。它们在中原地区深受喜爱，但它们被当作装饰图案绘制在高昌故城居民的墓室中也并不奇怪。因为高昌故城和中原地区交流频繁，自汉代至唐代，当地主体民族为汉族。这些植物使者见证了中原地区审美文化的深远影响。其中，水仙（*Narcissus tazetta*）恰好在唐代从欧洲传入，又是来自西方的文化使者。

高昌故城位于天山南部吐鲁番盆地的绿洲中，周边地势平缓，北面是火焰山（隋唐称赤石山）。唐代气候暖湿，虽然吐鲁番盆地是大陆荒漠性气候，干旱少雨，但这里却呈现出草木茂盛、环境宜人的景象。根据《北史》记载，这里"厥土良沃，谷麦一岁再熟，宜蚕，多五果，又饶漆"。农作物一年两熟，说明年均温和积温都较高。果树较多，表明适宜林木生长。天山雪水融化形成的木头沟（唐代称宁戎谷）河从高昌故城外流过，环绕城区有护城河和多个进出水口，人们修建了河道网络，供生活和农业使用。河道边是草本植物的生态宝库，也是画中动物的理想栖息地。画中动植物来自对中原地区范本的复制，也可能是根据当时的高昌故城景象绘制。

现在高昌故城黄土飞扬，早已荒废。像唐代时那样，现在气候也在变暖，并且拥有了更好的水利工程技术，那么是否可以在这里重建绿洲？答案是否定的。从生态系统的角度来分析，生态系统不能凭空搭建，它包含物种之间、物种与环境之间形成的关系网络。高昌故城所在的荒漠绿洲，是稳定性较差的生态系统类型，土壤基质是沙土，水源是流量不稳定的内流河，生态平衡极易受到破坏（抗逆性差），一旦生态系统的现有平衡被破坏，便不可逆地退化成为荒漠生态系统（恢复性差）。

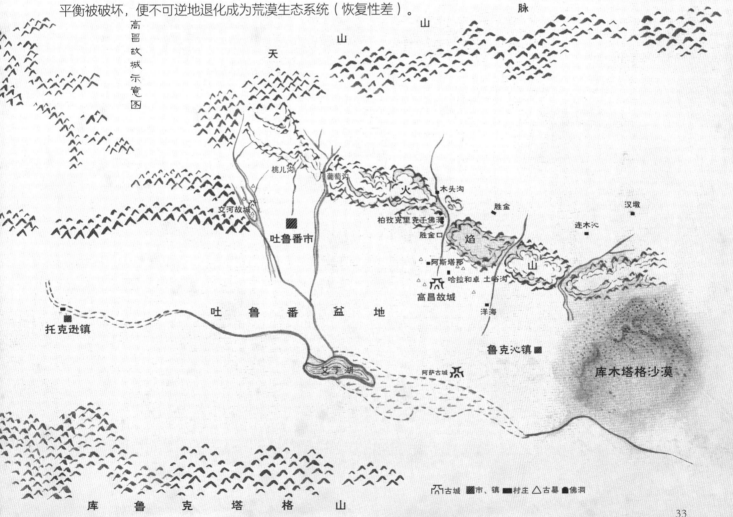

秋日一隅

夏日带着她的浓烈热情走远了，清冷的秋姗姗而来。

杂草间，几朵白色小花开得略带凉意，花间的叶子却还在顽强地坚持，不肯褪下那最后一抹浓绿，仿佛与身旁的红叶和菊花商量好了，要合力对抗那大片的芦苇，不让这多情的秋只剩下一片枯黄。

北宋 （传） 赵昌 写生蛱蝶图 故宫博物院藏

藏在叶下的螽（zhōng）斯，一对翅膀坚硬厚实，一眼望去如同强壮的盔甲战士，殊不知它其实是秋日召唤来的演奏家呢！看，它高举前腿打拍子，不停地振动着翅膀，动情地演奏出最美的乐章。

蝴蝶们许是收到了花儿的邀约，正兴冲冲地赶来，想为这秋日盛会增添一些色彩。颜色最娇艳的那只斐豹蛱蝶，一定是刚刚品尝完花儿精心准备的"甜点"，小嘴还在舐舔手中残留的花蜜呢。

雌性斐豹蛱蝶

蛱蝶科

一身浓墨的突缘麝凤蝶也毫不相让，急匆匆地一个俯冲，想要拔得头筹，真怕它一个倒栽葱撞到地面上！比起它们俩，中间那只斐豹蛱蝶想必是个见过大世面的老手，显得稳重了许多，不紧不慢地张开美丽的翅膀，是那样悠闲自得。

秋日的舞会马上要开始了。演奏家、舞者们各就各位，不知下一位客人，又会是谁。

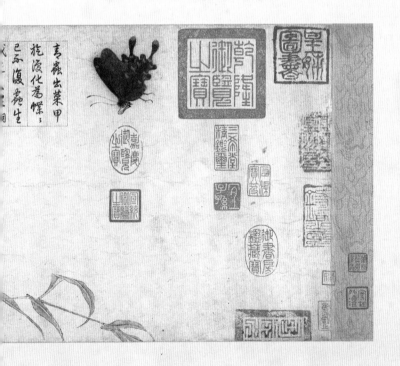

名画记 画家猜想

　　宋代于 960 年建立，到 1279 年灭亡，距今约千年了。现在保存下来的宋代绘画极少，何况这幅画使用了宣纸创作，而不是可以保存更久的绢布，所以它十分珍贵。画中密密麻麻的印章，都是后人盖上去的，以表示自己收藏或者欣赏过这幅画。它们占据了画面上方的大片空白，大大影响了原本的空静效果。但它们也记载着一幅画的流传顺序，成为古画鉴定的重要证据。

画中印章和题诗

1. 南宋丞相贾似道：魏国公印。
2. 元代大长公主祥哥剌吉：皇姊图书。
3. 明代官府印章：典礼纪察司印（半枚）。
4. 清代乾隆皇帝题诗。
5. 清代溥仪皇帝：宣统御览之宝。

徐熙野逸风格的荆棘

　　画家没有留下签名。明代书画家董其昌认为，这是北宋画家赵昌创作的。后世沿用了他的说法，但当代书画鉴定家徐邦达提出了不同的观点。

　　五代十国时期，花鸟画出现了两种风格：后蜀黄筌（quán）父子创立了"黄家富贵"风格，南唐徐熙创立了"徐熙野逸"风格。这两种风格都先用墨线勾画形状，再去染上颜色。但前者颜色浓厚，几乎看不到墨线了，有一种富贵气息；后者颜色很淡，不压住墨线，有时连颜色也没有，草草几笔，潇洒、飘逸。

　　这幅画是一处田园水边的景色，更像是徐熙野逸风格的作品。而生活在大约 10 世纪的赵昌，学习的是黄家富贵风格。所以徐邦达认为，这是宋代作品，但可能为徐熙传派创作。

花卉志 菊与菊文化

画中是秋季野外风景。左边开白花的植物，按长圆形的叶生于茎基部，以及四片花瓣、总状花序的特征来看，可能是类似萝卜的十字花科植物，但是花朵过大、花蕊特征不清晰，所以不能确定。在几株枯黄的芦苇之中，3朵蓝色野生菊盛放，物种无法辨识。

中国有大约17个菊属（*Chrysanthemum*）物种，占全球总数的近一半，是菊属遗传多样性中心。其中菊花（*Chrysanthemum morifolium*）主要指菊属内或属间杂交产生的物种，另外16个物种为野生菊。早在3000多年前，野生菊的开放作为秋季的物候特征就有了文字记载。

菊的花色，一般是指舌状花的颜色。最早被古人重视和培育的是黄色，到唐代才引入红、白、紫色的野生菊进行杂交。菊的瓣型，是根据舌状花的花瓣基部的筒状部分占花瓣全长的比例确定的。宋代菊谱已经对平瓣、匙瓣、管瓣等多种瓣型有记载，当时菊的培育技术真正开始发展，以小花型的菊为主。明清时期培育的菊以花型大为美，以花色、瓣型丰富多变著称。清代时，菊的专著达30多部，菊的品种达800多种，是菊培育的鼎盛时期。

菊的花序结构和主要瓣型

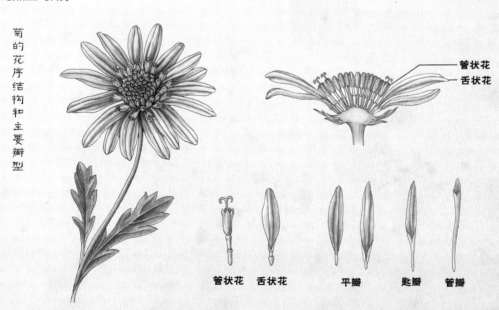

管状花
舌状花

管状花　舌状花　　　　平瓣　　匙瓣　　管瓣

宋代 朱绍宗 菊丛飞蝶图

　　宋代有个宫廷绘画机构，专门为皇室服务，叫作翰林图画院。它是全国绘画活动的中心，招罗了许多优秀画家。宋代绘画成就辉煌灿烂，离不开它的功劳。朱绍宗就是这个机构中的一员。当时菊的培育刚刚起步，花型偏小。画中"小菊"有蓝、紫、白、淡黄色，花色丰富，舌状花较短，瓣型都是平瓣。紫色的和左边白色的是重瓣，其余的是单瓣，别有一番美丽。

文人对菊的赞美，始于战国屈原的《离骚》："朝饮木兰之坠露兮，夕餐秋菊之落英。"他用饮露水食菊花，表明了自己洁身自好，不趋炎附势。菊作为观赏植物栽植于庭院的风尚，开始于晋代陶渊明。他创作了多首流传千古的诗歌，塑造了菊的"花中隐士"形象。它迎着秋霜、独自绽放，象征傲然不屈、淡泊名利的品格。到了明代，它与梅、兰、竹正式获得"花中四君子"的美称。这是菊之雅。菊也走进了寻常百姓家。它可以食用、饮用，也有药用价值。在重阳节时，有赏菊花、饮菊花酒、佩戴菊花等风俗。这是菊之俗。雅与俗共同组成了中国菊文化。

菊与菊文化自唐代传入日本，发展几百年后，又有菊品种于清代传回中国。在日本，菊被赋予了高贵、富丽的品格，成为皇室徽章，于是富丽、壮观成为主要培育方向。因在万物凋零的秋季开放，菊也融入日本的物哀文化。"菊与刀"成为日本文化的核心。清代"重回故土"时，这些品种的花径、花型、瓣型等都独具一格，是当时"洋菊"的主要来源。

钱维城是一位"官员画家"，深受乾隆皇帝喜爱。在年仅25岁时，他便考中状元，后来官至礼部侍郎。作为业余画家，有时他接受皇帝任命进行创作，一般在画面左下角谦虚地写上"臣钱维城恭画"。清代说的"洋菊"主要指来自日本的大花型品种，舌状花较长，适合观赏。画中洋菊有3种瓣型，紫色的匙瓣，红色和白色的平瓣，其余的是管瓣，花色丰富。最高处的一株外白内紫的是单瓣，其余的都是重瓣。

清代 钱维城 洋菊图

剪秋罗

孔雀草

鸭跖草

39

南宋　赵大亨　薇亭小憩图　辽宁省博物馆藏

优哉游哉

悠 长夏日，和风煦煦，小扣柴扉，过草堂。

微眠独醒，恣意侧卧，闲看庭前紫薇，花开花落，荣辱不惊。

抬望眼，青山缥缈，落日斜照，漫随天外，云卷云舒，去留无意。

于盈尺之榻，卧游天地，放之我心。呜呼，优哉游哉！

41

名画记 澄怀观道，卧以游之

北宋灭亡后，南宋定都临安（今浙江省杭州市），偏居江南一隅。从前雄壮的北方山水远去了，婉柔的江南小景取而代之。于是，在南宋画坛，北宋的大幅作品不再受欢迎，小幅作品越来越受欢迎。画家不再追求宏大的"全景"，而是选择某个角度、某个局部来反映整体，这叫作以小见大。

这些作品尺幅不大，许多横纵均只有大约30厘米，但构思巧妙，非常精美。这幅画便是如此，远处高山，中间房屋，近处树木，层次丰富又不杂乱，展现了一个小瞬间。这个小瞬间是宋代文人生活的缩影，优雅又闲适。

大约公元5世纪，南朝画家宗炳（bǐng）提出了一个观点："澄怀观道，卧以游之。"当年老不方便出行时，他将所见山水画下来，怀着清澄的心，没有丝毫杂念，躺在家里观赏，体会山水中蕴含的自然道理，依然可以抵达悠然自在的境界。这种"卧游"思想——用观画代替游览——对中国绘画创作影响深远，由此产生了许多天人合一的作品。

宋代皇室后裔赵伯驹、赵伯骕兄弟，有着很高的绘画造诣，想必他们读过画家都绕不开的宗炳的著作。赵大亨是个家仆，他终日侍奉二赵，受到二赵影响，加上个人天赋，竟然学会了画画。从这幅仅存的作品来看，他不但学习了二赵擅长的青绿山水画（使用石青和石绿颜料画成），也吸收了其中的"卧游"味道。

花卉志 美从何处寻？

宋代文人爱花，也追求闲趣，所以赏花是文人普遍的休闲活动。画中文人欣赏的应该是紫薇（*Lagerstroemia indica*）。中国是紫薇的主要原产地之一，据说至今有1500多年的紫薇栽培史。唐代开元年间，中书省（国家最高行政机关）改名为紫微省，对应天上众星环绕的紫微垣（天帝居住的地方）。紫薇和"紫微"同音，从而有了吉祥富贵的含义，又在中书省院中广泛种植。宋代广泛栽植紫薇，按花色把它们主要分为紫、赤（红）和银（白）3个类别。紫薇花瓣如绉缎，花期在盛夏至秋季，花团锦簇，树干光滑且多分支，与画中乔木的花色、树形均相似。也有人认为，此画应该叫作《荔院闲眠图》，推测院中两株植物为荔枝，但荔枝花期仅半个月，花极小且无花瓣，6月果皮由绿变红，与画中红白相间的花或果不同，所以文人赏荔枝的说法比较牵强。

花的外观多样性，是它观赏价值的本质来源。这主要体现在花色、花形、气味等方面，有久远的演化史。以花色为例，早期花色演化可能和动物的求偶行为相关，由于雄性动物常在求偶时展示色彩鲜明的身体部位，以表示自己有较强的生活能力和优质的基因，从而获得雌性的青睐，所以鲜明的色彩逐渐成为引起动物积极关注的信号。于是，在传粉动物的选择下，表达鲜明色彩的基因被大量保留下来。

有趣的是，在不同传粉动物眼中，哪种颜色与绿叶的对比更鲜明，也不尽相同。例如，欧亚大陆的花朵以蜂类为主要传粉动物，由于在蜂类眼中紫色与绿色的反差最大，紫花最易被发现并得到传粉机会，所以这里紫色花数量较多。通过鸟类传粉的花常为红色，这是花利用了鸟类视觉中红绿对比鲜明而蜂类红绿不分的特点，达到引鸟避蜂的目的。这样的动植物协同进化的过程，增加了物种多样性。

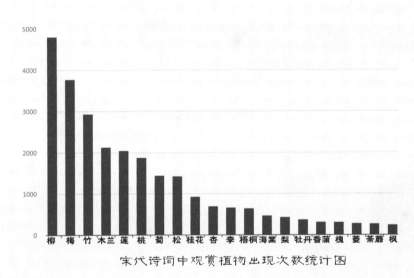

宋代诗词中观赏植物出现次数统计图

宋代文人赏花时，更注重花被赋予的品格。《宋诗钞》和《全宋词》收录了三万余首诗词，有上百种观花植物被提及，其中清新高雅的花最受喜爱，因为它们代表的品格，与文人追求的品格，正好对应上了，产生了情感联结。所以，宋代文人爱花，不仅来自动物的演化本能，更是来自人类的心中情感，正如宋代理学家邵雍的《善赏花吟》写的那样：人不善赏花，只爱花之貌。人或善赏花，只爱花之妙。花貌在颜色，颜色人可效。花妙在精神，精神人莫造。

紫色紫薇花

赤色紫薇花

银色紫薇花

南宋　李嵩　花篮图　夏花　故宫博物院藏

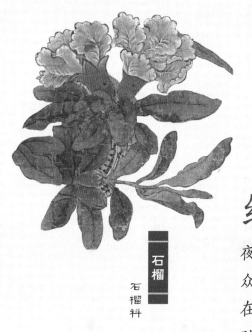

石榴
石榴科

篮中冬夏

蜀葵
锦葵科

编个花篮，把整个夏天放在里面。
粉红的蜀葵大剌剌地开在中间，
夜合花、栀子与萱草围在四周，颇有点
众星捧月的意思。石榴却不甚服气，虽
在最下面的角落里，那火红的颜色却更
胜一筹，让人一眼就被它吸引住了视线。

夏日的花，总是格外浓烈；不在春
天里扎堆儿似的争妍斗艳，却偏要顶着
炎炎烈日，美丽而盛大地绽放自己的全
部生命，正应了那句"生如夏花之绚烂"。

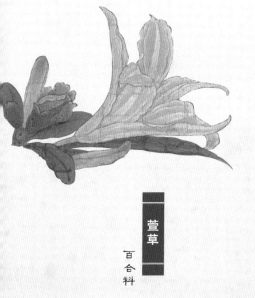

萱草
百合科

栀子
茜草科

南宋　李嵩　花篮图　冬花　台北故宫博物院藏

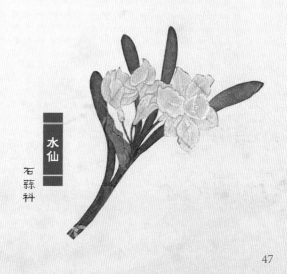

编个花篮，再把整个冬天放在里面。

梅、瑞香、水仙合称"三香"，虽看上去颜色清淡，但幽香阵阵，定是沁人心脾。大红的茶花夺人眼目，那色彩要比天边的晚霞还浓。蜡梅直直挺立着，花朵虽不大，却独有一份香自苦寒来的傲骨。

冬日的花，总是别具品格；不同于秋花的静美，在凛凛寒风中，在阳光白雪的衬托下，傲然屹立于天地万物之间，正随了那句"冰雪林中著此身"。

花篮不大，却装满了夏的绚丽，冬的凛冽，两个季节的美与芬芳。

名画记 热爱插花

插花起源于魏晋南北朝。随着佛教传入中国，供奉在佛陀前的瓶中鲜花（莲花），渐渐演变成早期的插花形式——瓶花。到了宋代，插花真正兴盛发达起来。

当时上至皇室，下至平民，人人插花，平日如此，节日更如此。在南宋都城临安（今浙江省杭州市），端午节时，家家插菖蒲、石榴、蜀葵、栀子花之类，钱塘有百万人家，一家花一百文钱买花。有的人家没有花瓶，用小坛也插一瓶花供养，乡土风俗如此。焚香、点茶、挂画、插花，更是成为宋代文人的"生活四艺"。

宋代插花形式多样，画中属于宫廷插花作品。它们别出心裁，拿竹（藤）篮做花器，虽然花器朴素，但繁花拥簇，透着皇家的富贵气派。篮中以蜀葵、茶花为主花，主次分明；花枝向外伸展呈半圆形，造型优雅；颜色搭配和谐，不仅可以观色，还可以闻香。

作为著名宫廷画家，李嵩为三代皇帝服务。在当时流行的小幅作品的创作上，他有着精彩的表现，其中《骷髅幻戏图》和《花篮图》非常有名。传说李嵩画过 4 幅《花篮图》，分别是春花、夏花、秋花、冬花，代表一年四季。其中秋花已经佚失了，夏花（第 44 页）、冬花（第 46 页）和春花（第 50 页）保存了下来。

有人说，这是中国最早的静物画。静物画是西方绘画概念，主要描绘静止不动的物体。1597 年，意大利画家卡拉瓦乔开始创作《一篮水果》，被认为是西方最早的静物画。而李嵩的作品创作于 12 世纪到 13 世纪之间。这里并不是拿西方概念来理解中国画，它们属于中西方不同的美学体系，各有各的美，只是放在一起看特色才更明显。

唐代壁画 仕女图（局部）

宋代 寒窗读易图（局部）

意大利　卡拉瓦乔　一篮水果

　　卡拉瓦乔（1571—1610），意大利传奇画家。他才华横溢，叛逆又狂暴，在打斗中杀了人，年仅39岁时不幸染病去世。他画了许多反映现实的作品，推开了17世纪现实主义艺术的大门。和南宋李嵩的《花篮图》记录了盛开之美不同，这幅画记录了衰败之美，画中水果并不新鲜，苹果上有虫洞，梨开始腐烂，无花果和柠檬也是，连叶子都枯萎了，画得非常写实，像照片一样。

南宋 李嵩 花篮图 春花 龙美术馆藏

　　传说，南宋著名宫廷画家李嵩创作了4幅《花篮图》，分别为春花、夏花、秋花、冬花，这幅画是春花，应该是根据当时宫廷插花作品，经过艺术加工创作而成。宋代是一个"人人插花"的时代，用于插花的花卉品种十分丰富，画中有5个物种：黄刺玫、连翘、西府海棠、白碧桃和林檎（苹果）。

黄刺玫

蔷薇科

西府海棠

蔷薇科

……了。宋代推行重文轻武的政策，文人群体活跃，也十分壮大。君王……社会自上而下形成了以种花、赏花、插花、簪花、食花、咏花、绘

……采取规模化种植，花卉品种繁多，北宋陈州（今河南省淮阳县）"园……积累为基础，当时的花卉培植技术，如移植、野生驯化、筛选变异、……城外有个花卉"专属供应基地"——马塍（chéng），这里的花农……接，他们也懂得用改变温湿度来调节花期。有记载，花农为牡丹、……花。他们嫁接的茶花，一株能够达到 10 种颜色。

……可以窥见当时的花卉培植盛况。画中花卉按照季节，插入 3 个花篮，……绿萼梅属于蔷薇科，在古代是梅（Prunus mume）中上品；蜡梅……南宋诗人范成大在《梅谱》中……檀香梅。画中蜡梅花径大，花……可能是当时最名贵的檀香梅。梅……浓郁，长期被认为是同一物种，……喜爱，共同组成了中国的梅文化。……的花贩随处可见。在《清明上……样店的路边，便有个卖花的花摊，……南宋开始出现花团、花巷这样固……区还会举办花会、花市，如洛阳……鲜花市。这一切都为宋代爱花风

北宋 张择端 清明上河图 卖花的花摊

连翘 木犀科

林檎 蔷薇科

51

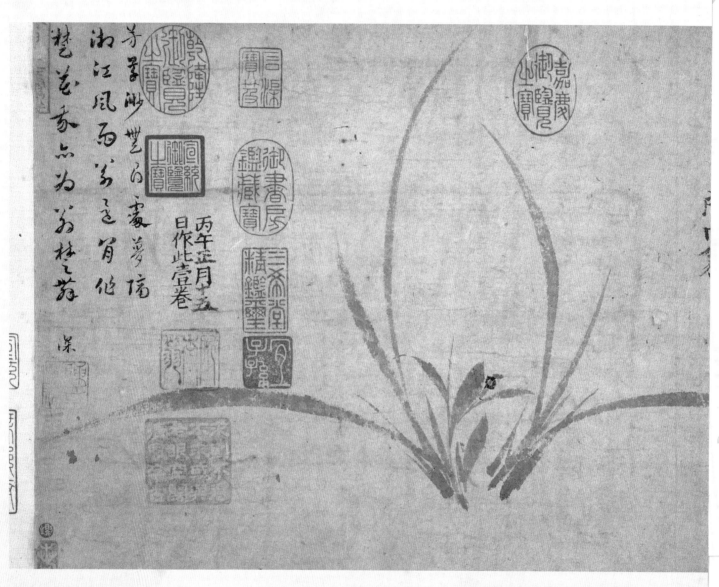

宋末元初　郑思肖　墨兰图　大阪市立美术馆藏

无根之兰

你赞我是君子，
他笑我是杂草，
我不说话，
只站在那里。

风吹来，雨打来，
一切安静下来。
你不见了踪影，
也听不到他的嘲笑。

谁在乎这些呢！

我，
只是一株没有根的兰草，
无依无靠，
仰着头，
依然骄傲。

根据创作者不同，中国画主要分为 3 类：宫廷画、民间画、文人画。其中，文人画家是业余创作者，大都画功有限。但他们身为读书人，从小练习写字，书法肯定不差，于是便用写书法的方法来画画。画中兰的叶子和花朵，像不像楷书的撇、捺、点？它用毛笔蘸取墨汁"写"成，没有使用其他颜色，简约却不简单，一笔一画就像中国书法，蕴藏着无穷变化：粗细、浓淡、干湿。

郑思肖，文学家、画家，宋末元初人。除了兰，画中还有 4 样东西是他加上去的：题诗、年款和两个印章。其余都是后人添加，不属于原画。诗、书、画、印结合在一起，就构成了一幅完整的文人画了。

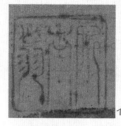

画家的题诗、年款和印章

1. 画家印章：所南翁。郑思肖，号所南，自称所南翁。
2. 画家印章：求则不得，不求或与；老眼空阔，清风今古。
3. 画家题诗：向来俯首问羲皇，汝是何人到此乡，未有画前开鼻孔，满天浮动古馨香。
4. 画家年款：丙午正月十五日作此壹卷。丙午为 1306 年。

文人画家进行创作，大都不是为了讨生活，而是为了抒发个人情感。兰看起来像杂草，生于深谷中，却散发幽香，于是便成为高洁品格的代言人。这正是文人追求的品格，所以他们热衷于赞颂兰。不过，梅、兰、竹、菊正式获得"四君子"的美称，是明代万历年间以后的事情了。

画中的兰像立在地上生长，也像被拔了出来，下面没有根，周围没有土。在创作这幅画时，元灭宋已经 27 年了。明人对此的解释是：郑思肖怀念故国，认为没有了南宋，自己就像一株无根兰。这也可能是明人过度解读了，也许当时只是流行这样画兰。

春兰
兰科

直到唐朝末年，从文学家唐彦谦的《咏兰》和杨夔（kuí）的《植兰说》开始，人们描述的才是现代植物学意义上的兰科植物。此前的"兰"更可能是用于杀虫、辟邪（杀菌）、沐浴的药用植物，或有清香的草本植物，或生于田野、庭院的野草。有学者认为，这时"兰"指菊科（Asteraceae）泽兰属（*Eupatorium*）植物。

唐代以后的"兰"，主要指兰科 (Orchidaceae) 兰属（*Cymbidium*）植物。爱兰的文人将培植技术、品种特征、文化传说等内容撰写成兰谱。在中国古代众多花谱中，兰谱、菊谱数量最多。南宋赵时庚的《金漳兰谱》是世界上第一部兰花专著，记录兰花品种 30 余种。明清是兰谱创作的鼎盛时期，据统计有 33 部。春兰、蕙兰、寒兰、建兰、墨兰是我国兰属最具代表性的物种，也是培育品种的主要类别。宋代兰谱注重介绍叶型、茎上的花朵数和花色，这与画中的描绘重点部分一致；明清更重视花器官各部分的形态特征，说明不同时期兰的观赏重点也不同。

兰栽培的千年历史，还得益于文人赋予兰的精神。早在战国时期，孔子便将兰比作不追求名利的君子。虽然他说的并不一定是兰科植物，但精神是一致的。南宋末年，政治腐败，许多文人不愿意与当局同流合污。元灭宋后，他们也不愿意入朝为官。这种思想恰好与兰代表的精神契合了。作为南宋遗民，郑思肖是不是受到此思想影响，现在已经无从知晓了。

此画名为《墨兰图》，用墨画的兰花之意，创作于 1306 年正月十五。实际上，我国著名的兰花之一——墨兰的叶片较宽，花一枝 10～20 朵或更多。画中叶片较窄，花一枝一朵，花叶特征与春兰更相近，而春兰的花期恰好是 1—3 月。

墨兰

兰科

东园雅集

徐天赐

东园主人

明代嘉靖六年正月，一众好友齐聚东园，为即将离开南京的文坛才俊陈沂（yí）饯行。

从钟山向东望去，山脚有座壮美的园林，这便是东园了，在南京无人不晓。尽管临近热闹的秦淮河畔，园中却十分幽静。

从西边进入，漫步前行，只见绿草青青，流水潺潺。红衣客人走过小桥，便踏上了一条鹅卵石小径，正巧遇见出来迎接的徐天赐。都说这位东园主人热情好客，果然名不虚传！

明代　文徵明　东园图　故官博物院藏

两人相谈甚欢，身后小童怀抱琴囊，紧紧相随。琴、棋、书、画，是文人四艺。这么风雅的文人聚会，怎么少得了一把好琴！

两旁古树参天，树下红花点点。穿过朱红栅栏，前面就是心远堂了。堂外阔叶树下，一名小童本应为客人送茶，可为何驻足不前呢？原来，是茶还没有泡好。他端着茶盘，在等同伴把水烧开。

松树或柏树

茶花

几位客人早已落座，正在堂中欣赏书画呢！瞧，红衣青年许是谈到尽兴之处，便从绣墩上立起身来，歪头斜靠桌子，摊开手中卷轴，说与身边的几位听。一旁伺候的小童实在不轻松，手捧一大摞书画，等他们一一鉴赏。

当静坐下来的时候，客人们喜欢一边品茶，一边听松涛，一边赏堂外茶花，远离尘世的喧嚣。这个堂的名字，是不是就取自陶渊明的那句"心远地自偏"呢？

沿着曲折的回廊，拾级而上，登上楼阁二层，湖光山色，尽收眼底。

一阵清风袭来，吹皱了一池春水；巨石斜卧水中，随着阵阵涟漪，也荡漾起来。如此良辰美景，岂可辜负！瞧，桌上的花瓶、香炉已经摆好：插上鲜花一枝，焚上幽香一缕，吟诗作赋，何等风雅。逢天气晴好，凭栏垂钓，泛舟游玩，好不惬意。

鉴赏书画

水榭对弈

对面水榭之中，两人正在对弈。红衣客人抬手落子，一副气定神闲的样子。对面那位也不慌不忙，思索这步棋该如何破解。想必他们是旗鼓相当、难分胜负吧。

想要观棋的话，须沿着回廊继续往里走，转入一片竹林，绕到对面才行。在竹林的小径行走，仿佛置身于青纱帐中。一名小童正托着茶盏，行色匆匆，生怕怠慢了客人。殊不知他们对弈正酣，想来丝毫不觉得口渴吧。

东园大得很，这只是其中的一部分。远处湖中有座假山，那是小蓬莱山；再往东继续走，是比心远堂更大的一鉴堂。"半亩方塘一鉴开"，它的名字想必取自朱熹的诗吧！一眼望去，园子仿佛没有尽头，山水花木、亭台楼榭，天光云影，美不胜收。

独乐乐，不如众乐乐。好客的东园主人，经常邀请文人墨客前来聚会。他们尽做些自己喜欢的"闲事"，看上去好似无用，却十分风雅，也可以结交志趣相投的好友。如此妙事，何乐而不为！

名画记 文人的聚会

雅集，古代文人的聚会，规模可大可小。除了享用美酒美食，他们还会有吟诗作画、弹琴对弈、鉴赏古物、焚香品茶等风雅活动。历史上最著名的两次雅集为东晋的兰亭雅集和北宋的西园雅集，当时众多名人参与其中。前者有书圣王羲之、宰相谢安、诗坛领袖孙绰等40多人；在这次聚会中，王羲之创作了中国第一行书《兰亭序》。后者有大文豪苏轼、书法家黄庭坚、书画家米芾（fú）和画家李公麟、驸马王诜（shēn）、日本圆通大师等16人。

雅集起源于魏晋，明清尤其盛行。作为明代江南四大才子之一，文徵明经常是雅集的座上客。他交游广泛，虽然定居苏州，但也时常到南京的东园参加聚会。1527年正月，文坛才俊陈沂即将到江西担任布政司参议，一群好友在东园为他饯行。3年后，61岁的文徵明绘制了《东园图》（第56～57页），描绘这次聚会的情景，送给好客的东园主人徐天赐。

东园位于明代秦淮河畔一处幽静的地方，原名为太傅园，是朱元璋赐给开国功臣徐达的园子。后来经过他的六世孙徐天赐的扩建，这里成为当时南京著名的私家园林，改名为东园。可惜它没有保留下来，现在变成了白鹭洲公园。幸亏文徵明的这幅画，让我们可以窥见明代东园的部分模样。

花卉志 巧用植物

位于南京的东园，属于明代私家园林的佼佼者。虽然它已经不复存在，但从画中可以窥见它的部分模样。画中大致分为两个空间，巧用山水、植物、建筑营造出来。其中，缤纷植物为东园注入生机、营造氛围、分割空间，是不可或缺的存在。

以心远堂为中心的空间，由一条小径引领赏玩路线。小径两边红花点缀，气氛活泼，又不似牡丹那样繁盛。高处柏、榆、梧桐等乔木高大挺拔，气派非凡，在地上投下斑驳树影。堂前两边有红花矮树，若隐若现，细节不清晰，推测为茶花，因为南京一带正月开花的乔木物种，只有茶花了。沿着小径向心远堂行走，草木远近、高矮交错，眼前景致不断变化，这叫作移步换景。

以湖水为中心的空间，与心远堂相通。一条赏玩路线环绕湖岸而建，多种阔叶树生长，一片竹林连接两岸。竹的使用在中国园林中非常普遍，约80%的明代私家园林都有种植。它外形柔弱、中空、有节，是谦谦君子的代表，与柏、槐的庄重形成对比，都是文人喜爱的物种。

这些植物物种的变化和组合，好像在模拟自然群落中植物的多样性，让人仿佛置身于山林之中。远远望去，心远堂中，文人聚会，赏诗作画，是热闹的空间。湖岸边有3处建筑，是抚琴、弈棋、读书的静谧空间。画面几株高大乔木，巧妙地将这动、静空间分隔开了。

画中东园处处透着文人的闲雅气息，这与主人徐天赐有关。他喜欢邀请文人聚会，园中营造必然投其所好。所以，东园既是居所，又是赏玩之地，更是主人精神追求的外在表现。

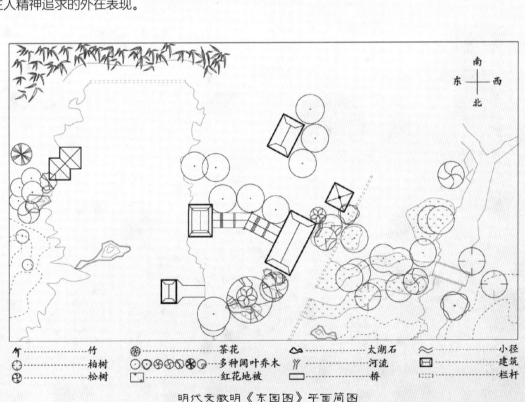

明代文徵明《东园图》平面简图

竹 — 竹
柏树
松树
茶花
多种阔叶乔木
红花地被
太湖石
河流
桥
小径
建筑
栏杆

61

四时花鸟

春风守信如期至，
催开牡丹俏海棠。
飞燕归巢晴昼暖，
但闻十里桃花香。

明代 周之冕 四时花鸟图 旅顺博物馆藏

夏日炎炎百花绽，
寿带嬉戏花中央。
妖娆石榴红胜火，
嫣然月季吐芬芳。

木瓜海棠
蔷薇科

月季
蔷薇科

金腰燕
燕科

翠鸟声声诉衷肠，
金桂栀子沁幽香。
芙蓉开尽花事了，
一叶知秋落满霜。

寿带
王鹟科

栀子
茜草科

石榴
石榴科

翠鸟

翠鸟科

桂花

木犀科

凛冬腊月裹银装，
岁寒三友齐怒放。
自在噪鹛（méi）翘首盼，
待是一年春模样。

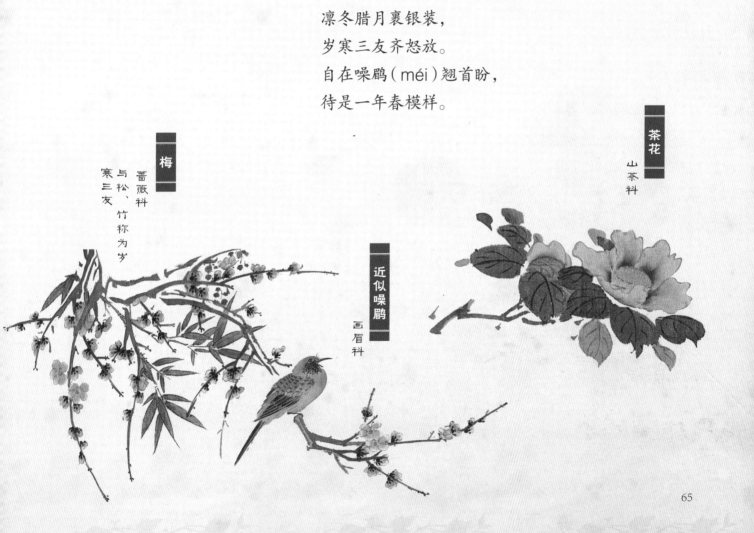

梅

蔷薇科

与松、竹称为岁寒三友

茶花

山茶科

近似噪鹛

画眉科

名画记 四时入画

　　根据日月星辰的运行规律，我国古人制定历法用来指导生产生活，这个传统自先秦时期便开始了。四时、二十四节气、七十二候，这些人人皆知的名称，均来自于中国传统历法：农历。四时，指一年中的"春夏秋冬"这四个季节。万物生长顺应四季变化，春作夏长，秋敛冬藏，这是我国古人很早就懂得的道理。它看起来很朴素，却是自然变化的基本规律，也是最早出现的时间观念。后来，古人的祭祀、养生、游乐等各种活动都依四时而行，可见它对中国文化的深远影响。

　　以"四时"为题材的绘画，在唐代已经出现了，但并不兴盛。它的真正流行开始于五代到宋代。拿南宋画家李嵩的《花篮图》（第44、46、50页）来说，它共有春花、夏花、秋花、冬花4幅，展现了四时的变化。这种绘画题材一直流传到明清，最常见的有"四时山水""四时花鸟"。

　　这便是一幅四时花鸟图，由明代画家周之冕创作。现存周之冕的资料很少，只知道他活跃于嘉靖、万历年间，没有考取功名，也不喜欢交游，但他却是大家公认的"勾花点叶"的创始人。"勾花点叶"是先用线条勾出花朵轮廓，再染上颜色；叶子直接落笔成形，再用墨勾出叶脉。这种画法有职业画家的精细，也有业余文人画家的潇洒。自明代后期以来，周之冕的作品一直深受收藏人士的喜爱。

花卉志 四季花历

　　一年之中，四季轮回，万物枯荣，周而复始。这种自然界中的动植物（或非生物）受到季节气候影响，出现一年一个周期的变化规律，叫作物候。植物的萌芽、抽叶、开花、结果，动物的复苏、鸣叫、繁育、迁移，大地解冻、下雨、打雷、结冰等都是物候现象，它们对应出现的时期叫作物候期。古人将物候期和地球绕太阳的周年运动对应，总结出一套规律方法，指导一年的生产生活，其中最有名的便是和二十四节气有关的谚语了，如"雨打清明节，豆儿拿手捏；惊蛰过，暖和和，蛤蟆仓庚（黄鹂）唱山歌"。画中正是按花开物候期展现的四季花历。

以拟南芥为模式植物的现代研究证实，开花过程始于花芽的分化，约有180种基因与花芽分化时间的调控有关。花芽分化时间的调控是内源因素和环境因素的综合作用，其中光周期和春化作用主导的开花现象最容易被观察总结，也是古人认识的主要规律。

随着季节变化，日照时长也发生规律的周期变化，这样的一个完整周期叫作光周期，于是植物呈现在长（夏）、中（春、秋）、短（冬）日照时开花的规律。画中栀子是长日照植物，桃是中日照植物，山茶是短日照植物，古人将它们列为夏、春、冬季开放的典型植物。一段时间的持续低温条件即春化作用。画中梅花经历冬季一段时间的持续低温后开放，便是春化作用主导调控的。南宋时期，花匠已经掌握利用春化作用催开桂花的方法，将桂花放于石洞中，用冷风吹，几日便可开花。

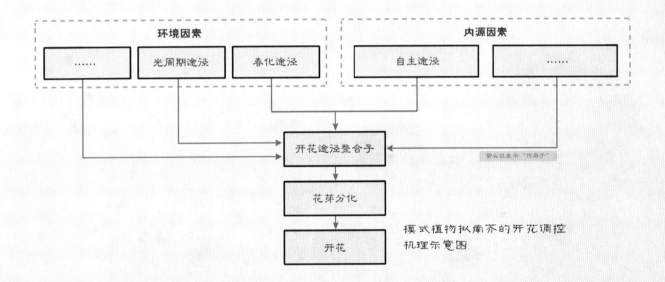

模式植物拟南芥的开花调控机理示意图

木芙蓉

锦葵科

二十四番花信风

　　古人将一年分为二十四节气，每个节气分为三候，共计七十二候。从小寒到谷雨有八个节气：小寒、大寒、立春、雨水、惊蛰、春分、清明、谷雨，共二十四候。这段时间的光照、温度等环境因素与植物内源因素共同作用，恰好能调控许多物种开花。而古人认为，是此时的风依次吹来了相应物种花开的信号，将这二十四候和相应时期内花开时间较稳定的物种相对应，便有了二十四番花信风。

　　"二十四番花信风"这个说法，可能早在五代十国时期的南唐（10世纪后期）就已经出现了。究竟它包括哪24个物种，随着时间的推移，始终不断在变化，直到明代才基本确定下来，后来只是有些微小变动，一直延续到今天。

　　二十四节气和七十二候，反映了地球绕太阳的周年运动，以一年为周期，对应的公历时间基本固定。而自然界中的动植物（或非生物）的物候期，受到降水和温度年际波动等影响，每年只能在一定范围内保持相对稳定。一旦这些因素发生变动，会影响物候期到来的具体日期。每个节气15天，通常可以容纳这些日期变动；但每个候只有短短5天，时间范围过于狭窄，有时难以容纳这些变动。于是，从古至今，二十四节气一直在指导生产生活，而七十二候渐渐不再常用了，由它而来的二十四番花信风，也不再用来指示时间，但依然活跃在文学、绘画之中。

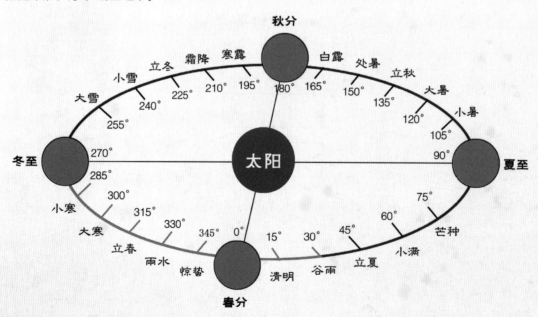

二十四节气与地球周年运动示意图

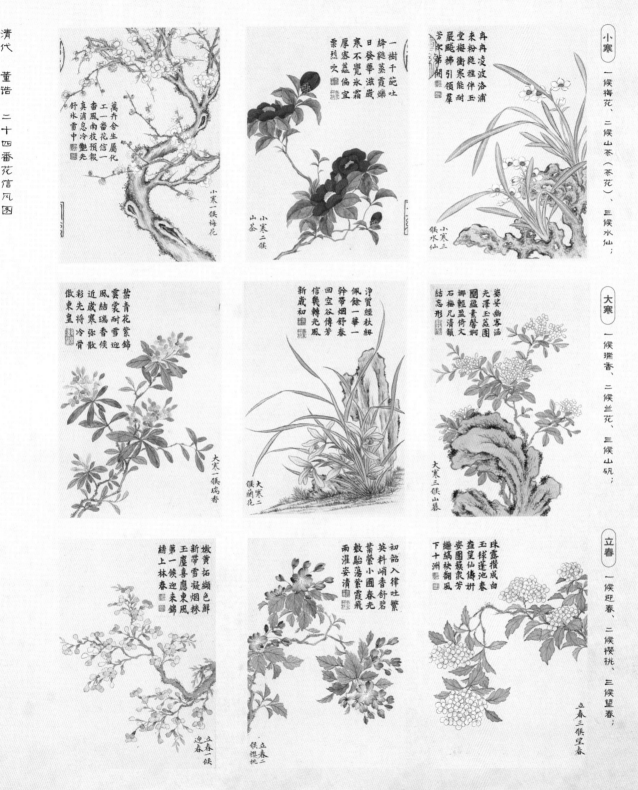

清代　董诰　二十四番花信风图

小寒　一候梅花、二候山茶（茶花）、三候水仙；

大寒　一候瑞香、二候兰花、三候山矾；

立春　一候迎春、二候樱桃、三候望春；

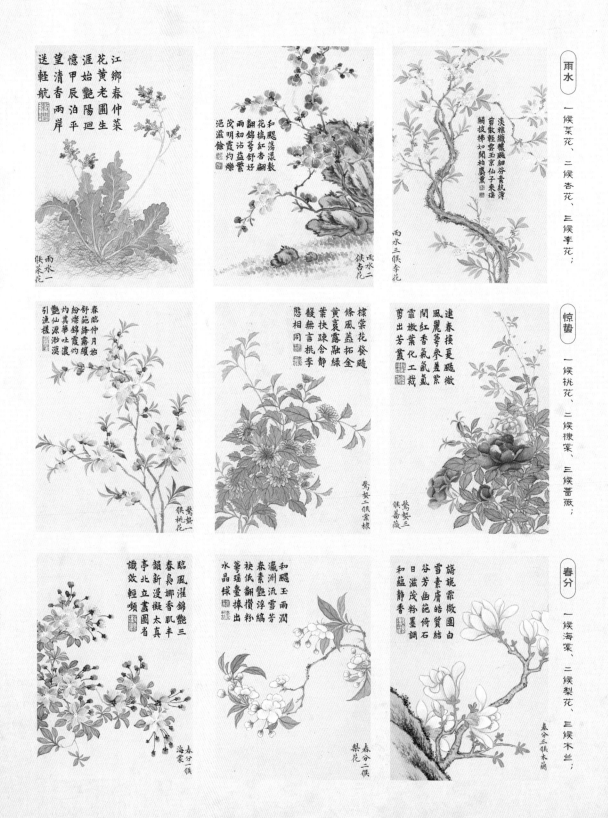

清明

一候桐花、二候麦花、三候柳花；

谷雨

一候牡丹、二候荼蘼、三候楝花。

　　董诰（gào），清代著名"官员画家"，在权力中枢——军机处任职40年，是乾隆和嘉庆两朝的重臣。他的书法和绘画功底都很好，作品深受乾隆皇帝的喜爱。

　　在这套《二十四番花信风图》中，每幅上面都有乾隆皇帝的楷书题字，赞美花信风；左下角或右下角有画家董诰的楷书签名，并标注了花信风的名称。

　　在他的笔下，二十四番花信风，从小寒到谷雨，分别是梅花、山茶（茶花）、水仙、瑞香、兰花、山矾（fán）、迎春、樱桃、望春、菜花、杏花、李花、桃花、棣棠、蔷薇、海棠、梨花、木兰、桐花、麦花、柳花、牡丹、荼（tú）蘼（mí）、楝（liàn）花。

　　董诰吸收了各种营养，融入自己的创作中。画中既有职业的宫廷画家的工整严谨，又有业余的文人画家（第54页）的潇洒飘逸，看上去从容不迫，纯净自然，一派生机勃勃。

明代 仇英 桃花源图（发现桃花源部分）

桃花源记

东　晋太元年间，武陵郡有个靠打鱼为生的人。一天，他顺着溪水划船而
　　行，忘记自己已经行驶了多远。忽然，一片桃林出现在他的眼前，林
子生长在小溪两岸，长达数百步。林中没有夹杂其他树木，花草娇嫩美丽，
地上撒满缤纷的落花。渔人感到十分诧异，于是继续向前行船，想走到林
子的尽头。

钞镌溪揚
武陵源峽
口通人走見
村室古陌
阡陌犬雷
迎來老伯
笑言溫儉
神别叛超
凡品殷世高
情吴靜論
粉本閃汶
誰可詩伯
駒真陵石
樂東
已亥蓑妻
尚鬼

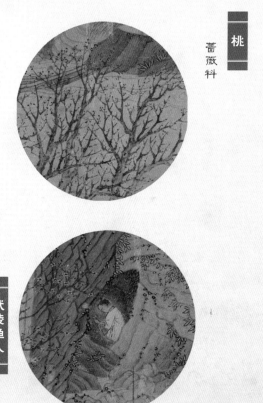

桃
薔薇科

武陵渔人

　　桃林的尽头就是溪水的源头，那里出现了一座小山，山上有个小洞口，隐隐约约透着光亮。渔人便下了船，从洞口走了进去。一开始，洞里非常狭窄，只能容一个人通过。他又向前走了几十步，突然变得开阔而明亮起来。

明代　仇英　桃花源图（桃花源见闻部分）

眼前这片土地平坦宽广，房屋排列得整整齐齐，还有肥沃的田地、美丽的池塘，以及桑树、竹子之类的植物。田间小路四通八达，鸡鸣狗吠声此起彼伏。人们在田间来来往往，耕种劳作，男男女女的穿着打扮都和桃花源外的世人很不相同。老人们和孩子们也都怡然自得，其乐融融。

竹
禾本科

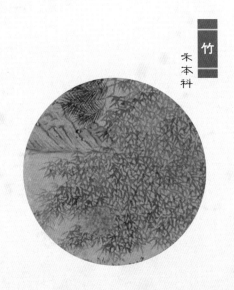

这里的人见到渔人，感到非常吃惊，
问他是从哪里来的。渔人详细地回答了。
这里的人听罢，便邀请他到家中做客，
摆酒杀鸡，热情款待。

武陵渔人

明代　仇英　桃花源图（与村民同乐部分）

　　村里的其他人听说来了这样一个人，都来打听消息。他们说，自己的祖先为了躲避秦朝的战乱，率领妻儿乡邻来到这个与世隔绝的地方，从此就再没有人出去过了，和外面断绝了一切往来。

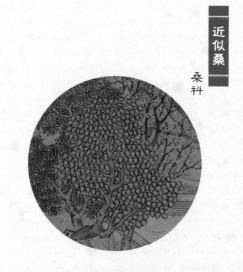

近似桑

桑科

他们又问现在是什么朝代，居然不知道有汉朝，更别说魏、晋两朝了。渔人把自己知道的事情一一说了出来，村民们听了都感慨万千。其余的人又各自把渔人请到自己家中，拿出美酒佳肴来招待他。渔人停留了几天后，就准备告辞离开了。村里的人告诉他说："这里的情况不值一提，别对外边的人说啊！"

端来佳肴

明代　仇英　桃花源图（寻找桃花源部分）

刘子骥

东晋隐士

　　渔人出来以后，找到了自己的船，顺着来时的路回去，一路上处处都做了标记。他到了郡城武陵，就去拜见太守，诉说了自己的这番经历。太守立即派人随他前往，寻找之前做的标记，结果却迷失了方向，再也找不到通往桃花源的路了。

　　南阳郡有个叫刘子骥的人，是一位志向高洁的隐士。他听说了这件事，就兴冲冲地计划前往，可惜没能实现，不久就因病去世了。从此以后，就再也没有探访桃花源的人了。

近似槐

豆科

明代　仇英　桃花源图　波士顿艺术博物馆藏

名画记 中国文化符号

《桃花源记》是一篇千古传诵的名作，由东晋文学家陶渊明创作。它描绘了一个小小的农业社会：环境优美、没有剥削，人人自给自足、自得其乐。但东晋末年，战乱不断，民不聊生。这只是个空想而已，根本无法实现。后来经过不断演化，桃花源成为一个文化符号，象征着古人向往的理想社会，也是他们寄托美好愿望的精神家园。

根据文字创作的各种桃花源图，早在唐代已经出现，到明代突然兴盛起来，是由于画家仇（qiú）英引领了这个热潮。以宋代画家赵伯驹的《桃花源图》为原型，他绘制了许多桃花源图，引得当时画家纷纷仿效，也激发了后世的创作热情。现存归入仇英名下的桃花源图共有9幅。由于仿冒仇英的作品众多，鉴定它们的真伪非常困难。

这幅画便是其中之一，极有可能为他的真迹。我国古人使用蓝铜矿和孔雀石制作石青和石绿这两种颜料，它们可以调成变化无穷的青绿色。画中虽然有45个人物，其中武陵渔夫出现了3次，但还是以自然景物为主角，以青绿色为主要颜色，所以叫作青绿山水画。它总长4.72米，从右向左观看，画卷徐徐展开，如同一部微小的电影。

中国传统色之青绿色

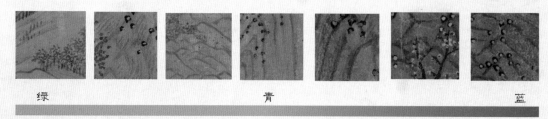

绿　　　　青　　　　蓝

青，可以理解为蓝和绿之间的颜色。青加了黄，就偏向绿；青加了蓝，就偏向蓝；它们被中国古人统称为青绿色。

1779 年，清代乾隆皇帝在这幅画上题诗：钞锣溪接武陵源，峡口通人宛见村。望去陌阡鸡犬富，迎来老幼笑言温。传神别致超凡品，避世高情足静论。粉本问从谁所得，伯驹真迹石渠存。己亥暮春御题。他说，宋代画家赵伯驹的《桃花源图》收藏在清宫；想当年，明代仇英就是以他的作品为原型，创作了这幅《桃花源图》。可惜，现今赵伯驹的作品已经佚失了。

 何处觅桃源

桃（*Prunus persica*）是温带常见的蔷薇科乔木，极有可能起源于中国。云南发现了世界上最早的桃核化石，距今 260 万年，那时野生桃可能已经被早期人类取食了。桃与中国古人关系密切，它的果实是可食用的水果，它的茎被制成桃符悬挂在门口保佑平安，它的花朵更是春日芳菲景象的象征，承载着人们对美好生活的向往。

明代画家仇英定居苏州，用江南常见物种构建了想象中的桃花源景象。画中山峦起伏，植物种类丰富，桃树散落分布在山谷低处，山峰高处的物种与山腰、山谷处的不同，忽略画中不注重比例关系和写实的问题，实际能呈现这样三层植被带的山峰，海拔落差可达 700 米以上。

这幅画的灵感来自东晋陶渊明的《桃花源记》。它有可能是陶渊明以桃花为美好的象征，为寄托对理想生活的向往而虚构的一个场景。假设当时桃花源真实存在，那么它到底在哪里？渔人初见桃林十分诧异，可能在他的生活环境中大片的纯桃林极为少见。在生态学中，这种以单一物种为主组成的植物群落被称为单优势种群落，它在温带平原地带是较少见的。桃花源所处的地理环境可能是群山的山谷，高山形成天然屏障，阻隔了其他物种向此处扩散和迁徙，可能是塑造单优势种桃树群落的原因之一。

那么桃花源究竟位于哪座山中？陕西、湖南是两个最主要的争议地点，陕西有秦岭，湖南有南岭，均是海拔落差较大的高山分布密集的区域，古代也有较丰富的水系。由于山区局地气候受到许多因素影响，如海拔、山脉走向、坡向等，现存史料没有如此精确的记载，不足以帮助推断桃花源的具体位置。

清代 余穉 端阳景图 故宫博物院藏

端午拾趣

小青蛙游啊游，不敢放声叫；大蟾蜍趴花间，一动也不动。

远处咚咚咚，鼓点阵阵，正赛龙舟忙。近处扑通通，纪念屈原，颗颗粽子落水中。这里为啥静悄悄？目光交错一瞬间，两只便心领神会了：今天务必要藏好，不然小命准难保。

五月五，端午到。大清子民早早起床，捕捉蟾蜍来入药。这一年一次的大劫难，已经持续了2000多年。青蛙虽说没有这么惨，遭难的少了一大半，但被捉住泡入雄黄酒，也够倒霉的！

你问为什么？唉，还不是盛夏来临，蛇虫活跃，到处蜇人咬人，疾病容易滋生！传说拿这哥俩儿入药有预防效果，端午捉取最合适。要不然，它们怎会沦落到这般境地。

看着这难兄难弟的可怜相儿，豆娘却心不慌气不喘，翩翩起舞花草间。江南女子爱它那俏皮的模样，照着样子亲手做个小饰物，端午戴在秀发间，妩媚动人自不必说，都说还可以保平安。

艾草个头高高，编成小艾人儿；菖蒲叶儿尖尖，当作大宝剑。要问为啥把它们挂门前？还不是为了驱赶蛇虫，不让疾病进入庭院！它们是中药也是芳草，端午采摘最合适。瞧，同样有香味的角蒿，不是也来凑热闹了吗？

端午节，端午花。要问谁叫端午花，当然是艾草旁边的那位啦！

菖蒲

天南星科

角蒿

紫葳科

83

艾草

菊科

蜀葵

锦葵科

又叫端午花

"端午"这个名字，早在中国先秦时期就已经存在了。古人使用天干和地支记录时间，十二地支对应十二月份，午月指农历五月。这个月的第一个午日，就是端午了。它的日子每年变动，后来固定在五月初五。传说当天午时，太阳在天空最当中的位置，所以端午节也叫作天中节。

端午节从汉代开始流行于大江南北，已经有 2000 多年的历史了。关于它的起源，最流行的说法是为了纪念楚国诗人屈原。传说在这一天，他投汨罗江而死，人们赛龙舟表达营救他的愿望，包粽子投入水中，是为了纪念他。

其实，粽子本来是端阳节的食物。夏至是一年当中白天最长的一天，太阳照射时间最长，所以也叫作端阳。它大概在五月中旬，洪水频繁的季节。传说人们划着龙形木舟，把粽子扔到水中，献给掌管水的神龙，祈求神龙的保佑。只是后来端午节盛行，两个节日合并在一起了。这是清代乾隆时期的作品，由宫廷画家余穉（zhì）创作，画名叫作《端阳景图》，也就是端午景色。

端午节也是古人的卫生防疫节。画中的 4 种动植物菖蒲、艾草、蟾蜍、青蛙，在端午节必不可少。它们是中药材，用来防疫祛病的，有时角蒿也会入选。当天女子佩戴豆娘头饰，同样源自远离疾病、祈求健康的美好愿望。

十二地支与十二月份

花卉志 不只花开

蜀葵（*Altcea rosea*）、石榴（*Punica granatum*）、龙船花（*Ixora chinensis*），恰逢农历五月开始绽放，于是便和端午节结缘了。

蜀葵因原产于四川而得名，它容易栽植，分布遍及全国；可食用、可药用、可观赏，深度融入生活。它花开时便向世人宣告端午节的到来，所以也被叫作"端午花"。石榴是广泛栽种的外来物种，在西汉时从丝绸之路传入。因它果实籽粒多，魏晋时已经有吉祥多子的寓意，后来渐渐融入端午习俗中：少女头簪石榴花，祈求多子、平安、富贵。相比之下，龙船花在中国的分布范围较为局限，主要在广东、广西等地，正是赛龙舟习俗盛行的南方地区；它的花朵成簇生长，恰似众人合力划龙舟的团结精神，所以经常被插于龙舟上。

端午正值夏季，动物和微生物也活跃起来，带来蜇咬伤害、传染疾病。这包括古人所说的五毒，即蛇、蝎、蜈蚣、壁虎（或蜥蜴）、蟾蜍（或蜘蛛）；也包括"邪气"，即古人未认知的细菌和病毒。于是，艾草（*Artemisia argyi*）、菖蒲（*Acorus calamus*）、角蒿（*Incarvillea sinensis*）等芳香植物，被用来对抗动物与病菌的侵袭。

这些植物含有生物碱、黄酮（tóng）、酚（fēn）酸等能够抗菌、抗炎、抗虫的化合物，其中有些化合物以挥发油的形式存在，也就是芳香的来源。古人并不知道这些科学知识，最初可能仅凭芳香注意到它们，使用后发现了药用价值，传说五月采集药效最佳。这些药用植物逐渐融入端午节：悬挂在门上，制成香囊，泡水沐浴，驱毒避邪，预防疾病。所以，端午节也被称为古人的"卫生防疫节"。

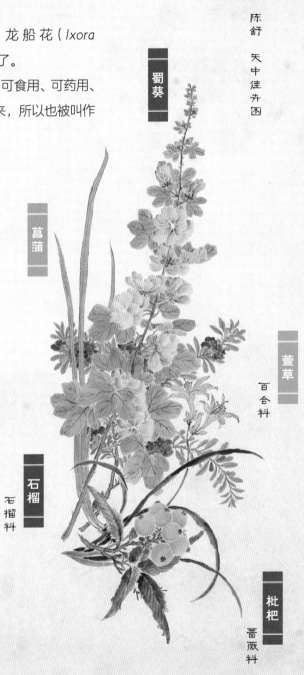

清代 陈舒 天中佳卉图

蜀葵

菖蒲

萱草
百合科

石榴
石榴科

枇杷
蔷薇科

池塘快菊而情爽象拂
雪，海然片利涧荟事
聊牧拾雪英莘露漠
烟锄翻地源芬芬恍
族随殊绳绰志集桃
李分痕谦壶图着并
及份故不祥名一祥幽
美豪生意院可观漠
贵卤以给先秋科稗
学方凡事豫则立
花秋色侵寻入因思为
右種秋花一育因令
以诗亏为圈雨宾初
秋阳笔

御笔秋花

池塘快雨晴，爽气拂习习。
洒然片刻间，花事聊收拾。
云英带露滚，烟锄翻地湿。
芬芳蝶竞随，斓斑蜂远集。
桃李分应让，画图羞弗及。
纷敷不辨名，一律幽香裹。
生意既可观，清赏适以给。
先秋种秋花，秋色侵寻入。
因思为学方，凡事豫则立。

　　我低声吟诵着诗句，细细品味其中的意境。这是当今圣上六月写下的《种秋花》。说到秋花最美的地方，当数圆明园吧。这座皇家园林宏大非凡，就在北京西郊，离紫禁城很近。

黄蜀葵

锦葵科

红蓼

蓼科

栀子

茜草科

鸡冠花

苋科

凤仙花

凤仙花科

韶景轩

圆明园四十景之一

茹古涵今的主体建筑

　　每年入秋，皇家一行便会来圆明园住些日子。而身为内阁大学士的我——张若霭（ǎi），也时常伴驾随行。圣上喜爱诗画，宫廷中有许多专职画家；一些善丹青的在朝官员，也经常奉命创作。这不，擅长花草禽虫的我，就接到了圣上的口谕（yù），要以此诗为题，作画一幅。

　　我踱步来到园中，寻找灵感。偌大的圆明园，处处是绝景，有150余处，该选哪处下笔？正苦苦琢磨之际，我忽然想到诗中所说的为学之道：凡事豫则立。做任何事情，事先有准备，才可以成功。对了，茹古涵今！它是园中一处绝景，又乃藏书、读书之地，岂不正合诗意？

我便走过小桥，来到这个后湖中的小岛。只见湖水环绕，亭台楼阁密密丛丛，最显眼的是个四方大亭，有上下两层，主体建筑叫作韶景轩。韶景，有美好之意。的确，当今圣上与我等臣子吟诗作赋，谈古论今，在此度过许多美好时光！沿着石径，花满岸边，秋色满园。

　　一阵微风拂过，红蓼花摆动起来，像红色的狗尾巴。鸡冠花精神抖擞，犹如昂首的雄鸡。既是秋天，菊花当然不可少。金黄的万寿菊如同大朵大朵的祥云，各色的小菊花好似满天尽染的彩霞。黄蜀葵也不甘示弱，非要在秋天和菊花比个高下。雁来红、凤仙花，争奇斗艳，个个娇媚。一时间，红的、粉的、黄的、白的，乱花渐欲迷人眼，千朵万朵压枝低。

　　乾隆盛世，秋意醉人。此时，我心中已有一二，连忙返回住处，迫不及待地准备动笔了。

万寿菊

菊科

雁来红（苋）

苋科

清代 唐岱 沈源 圆明园四十景图咏 茹古涵今

　　圆明园四十景，就是清代皇家园林圆明园中著名的40个景区，其中28个在雍正时期基本建成，其余的在乾隆时期全部完成。1736年，宫廷画家唐岱、沈源接到乾隆皇帝的命令进行创作，从起稿到装裱好，历经10余年的时间，终于把40个景区画了下来。这幅画描绘了其中一个景区：茹古涵今。

名画记 命题作文

　　清高宗乾隆皇帝爱好文艺，一生创作了四万多首诗，画了千余幅作品，却没有一个流传开来。他虽然没有出众的才华，但为臣子提供了良好的创作环境，当时宫廷绘画活动十分兴盛。

　　哪些人在创作宫廷画呢？一是职业的宫廷画家，地位不高，工资不算低，可以过上小康生活。乾隆时期设立如意馆，这些人由如意馆管理，听候皇室差遣，余穉（第82页）就是其中一员。一是业余的官员画家，读书人出身，在朝廷担任官职，偶尔奉命创作。

　　张若霭是三朝重臣张廷玉的长子，皇帝亲封的内阁大学士，官至礼部尚书。乾隆十一年（1746）6月，乾隆皇帝写下《种秋花》，命张若霭以诗作画。此画在7月完成，描绘了皇家园林的一处秋景。乾隆皇帝又在画中右上角题写了这首诗。

　　康、雍、乾三朝，近80位西方传教士任职宫廷，他们把西方绘画方法介绍了过来。画中建筑采用中国界画的绘制方法，用界尺勾画线条，同时吸收西方透视方法，看起来很有立体感，但它们和花卉的比例并不符合真实情况，花卉被刻意放大了，应该是为了强调秋花争艳而刻意安排的。不过，整幅画看起来并不奇怪，反而十分耐看。

哪处皇家园林？

　　清代皇家园林是中国古典园林最大也是最后一个高潮。康熙三十九年（1700），中国国内生产总值占世界总值的23.1%，造园活动也步入高潮，在乾隆、嘉庆年间达到全盛局面。圆明园始建于康熙末年，随后由5位皇帝持续建设，历时150余年，是清代著名皇家园林——三山五园之一。

　　它位于北京西郊，面积350多万平方米，相当于490个足球场那么大，有150多个景观，只可惜在1860年被英法联军焚毁。根据乾隆皇帝的旨意，清代宫廷画家唐岱、沈源绘制了《圆明园四十景图咏》，描绘了其中40个景观，让我们可以有幸目睹这座"万园之园"的部分风采。

　　在这40个景观中，有个叫作"茹古涵今"的景观，为藏书、读书的地方，正好对应这个成语的意思：知晓古今的许多事情，形容知识丰富。它是个位于后湖中的小岛，面积约9000平方米，南北长约135米，东西宽约105米。

　　这里地势平坦，亭台楼阁密集，主体建筑是韶景轩。除了藏书，花木也是这里一大特色，乾隆皇帝曾经写诗赞美过。有学者认为，第86页描绘的就是韶景轩的秋景，和第90页的主体建筑几乎一样，因为画家视角不同，它们正好左右对称。

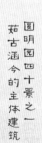

韶景轩

圆明园四十景之一 茹古涵今的主体建筑

花卉志 四海繁华

　　圆明园，这座中西合璧的清代著名皇家园林，虽然已经被毁坏，但从当时宫廷画家的笔下，我们仍可窥见当时园林植物的情况。圆明园经过康雍两朝的持续扩建，乾隆时期增添完善的其中 40 个景观，被称为"圆明园四十景"。韶景轩属于茹古涵今（圆明园四十景之一）的组成部分，画中是它的秋景，多种菊花和黄蜀葵、凤仙花、鸡冠花应季开放。

　　与 5 月开放的"端午花"蜀葵（第 85 页）不同，黄蜀葵（*Abelmoschus manihot*）花期在 8—10 月，正值画中的秋季开放。虽然名字都有"蜀葵"二字，并且都原产于中国南方，但它们分别属于锦葵科的蜀葵属和秋葵属。除了花期外，花色和叶型特征也可以用来区分它们。蜀葵的花为红色、粉色、白色；而黄蜀葵的花只有黄色，花瓣基部有紫色。画中花瓣颜色较浅，但边缘可见明显的黄色。蜀葵的叶为浅裂，像五角星，叶凹陷处不足叶片宽度的四分之一；而黄蜀葵的叶为深裂，像利爪，叶凹陷处超过叶片宽度的四分之一。

　　凤仙花（*Impatiens balsamina*）原产于中国南部、印度、马来西亚，唐代以来频繁出现在诗词、绘画中，明代《本草纲目》记载了它的药用方法。它的叶边缘常有锯齿，花为蝶形花冠，有的单瓣，有的重瓣。古人形容单瓣的凤仙花开时"宛如飞凤"，"凤头"是旗瓣，"凤翼"是由同侧的翼瓣与龙骨瓣合生形成，"凤尾"是由花萼形成的长花距。花距末端储存着花蜜，当昆虫深入探蜜时，身体便不自觉地沾上花粉，再不断传递，这就帮助凤仙花完成了授粉。

黄蜀葵结构简图

花　　　　花蕾　　　叶

　　蒋廷锡是康熙皇帝由衷喜爱的"官员画家"，也是雍正皇帝最信任的三位大臣之一，官职做到文华殿大学士。他擅长画花卉，喜欢用淡墨勾出外轮廓，然后层层晕染鲜亮的色彩，墨与色相互渗透，非常生动。在他的笔下，不止一次出现凤仙花的身影，可见这种中国传统植物的随处可见和受欢迎程度。画中凤仙花为重瓣，花瓣很大。

画中低处可见多丛白色、蓝色的小菊花，外观与原产于南非的费利菊相似。中部的橙黄色菊花是万寿菊（*Tagetes erecta*），原产于美洲，明末传入中国华南地区，清初传入宫廷。它的花期与皇帝生日——万寿节重合，颜色鲜艳，赢得乾隆皇帝喜爱，在圆明园、避暑山庄都广泛种植，是清代皇家园林常见观赏花卉。乾隆时期，40多种菊花从国外传入宫廷，被称为"洋菊"（第39页），其中大部分原产于中国，经过几百年培育，在清代又由日本传回来，因花大色艳，成为宫廷新宠。

自古以来，通过各种官方和民间途径，众多花卉传入中国，从不曾间断。随着汉代张骞开通丝绸之路，中国与中亚、西亚和欧洲交往频繁。这一时期的外来植物主要源自欧洲和中亚，如石榴、葡萄。唐代时，中国与印度、日本交往密切，印度原产的物种进入中国，如木棉、茉莉和画中的鸡冠花。到了15世纪，哥伦布发现新大陆之时，正值中国的明代，郑和下西洋又一次引入了东南亚多地的物种，如苹婆、香橼（yuán）和画中的雁来红。此后，西方大规模航海活动使源自美洲和非洲的植物在全球传播，这些植物也在中国出现，如含羞草、旱金莲、紫茉莉、西番莲等。清代宫廷画家、擅长绘画的官员，留下了多种外来植物的珍贵图像。

清代　郎世宁　海西知时草（局部）

1753年秋，法国传教士、植物学家汤执中进献了两株植物。乾隆皇帝赐名知时草，并命令郎世宁画下来。郎世宁是来自意大利的传教士，在康、雍、乾三朝担任宫廷画家。乾隆在画上题了一段文字，说"西洋有草，名僧息底斡"。僧息底斡，来自英文"Sensitive"的发音。这种"敏感"的植物，其实就是含羞草（*Mimosa pudica*）。它们的叶柄上有一些富含水分的薄壁细胞，在受到外界扰动时，水分流入细胞间隙，这些细胞的膨压随之降低，叶片下垂闭合。一段时间后，水分流回细胞内，细胞膨压恢复，叶片便又展开了。湿度会影响膨压恢复过程，也就是叶片展开的时长。猜想乾隆皇帝观察到，叶片午后更"慵懒"，展开更慢，看起来像是知道中午的时间，因此而赐名。其实，开合时长与中午时间没有直接关联，多半是受到湿度的影响。

朝阳凤

清代　余省　海西集卉册　朝阳凤

　　清代皇家园林中的花卉十分丰富，乾隆皇帝经常命令身边的画家记录下来。当时著名宫廷画家余省，便记录下 8 个物种，每个物种一幅画，一起装订成册，名字叫作《海西集卉册》。海西，大海的西边；海西集卉，指来自海外的花卉。这株"朝阳凤"是其中一幅。朝阳凤，中文学名旱金莲（*Tropaeolum majus*），原产南美洲，在 16—17 世纪引入欧洲后，大约在清代中晚期引入中国。它"开五瓣红花，长须茸茸，花足有短柄，横翘如鸟尾"，晚清又被叫作"大红鸟"。

清代花卉产业极度发达，产区遍布全国，跨区销售较为普遍，如赣南地区是茉莉名产区，通过水运销往苏州；河南鄢陵是蜡梅名产区，每年运往北京销售；来自南方的芭蕉、栀子，都是在明清时期引入北京。《内庭圆明园内工诸作现行则例》收录了一份在圆明园建设过程中的植物购买清单，上面有 144 种次的花果树木的购买记录。清代大臣汪承霈（pèi）的《春祺集锦图》也记录了 70 余种植物，当时北京花卉品种的丰富度可见一斑，种植在皇家园林的植物应该更加丰富，中外花卉共同点缀了圆明园。

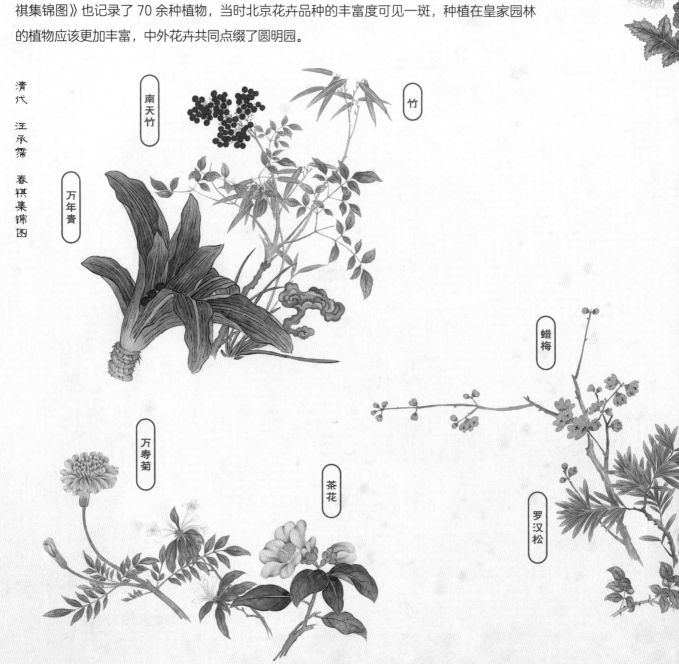

菊

清代 汪承霈 春祺集锦图

南天竹

竹

万年青

蜡梅

万寿菊

茶花

罗汉松

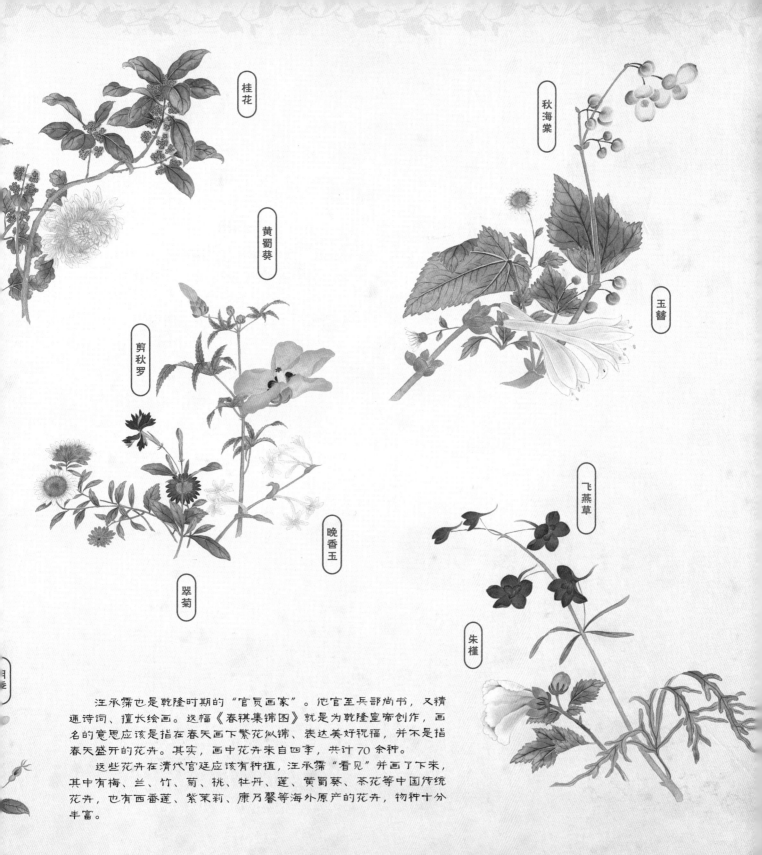

桂花

秋海棠

黄蜀葵

玉簪

剪秋罗

飞燕草

晚香玉

翠菊

朱槿

　　汪承霈也是乾隆时期的"官员画家"。他官至兵部尚书，又精通诗词、擅长绘画。这幅《春祺集锦图》就是为乾隆皇帝创作，画名的意思应该是指在春天画下繁花似锦、表达美好祝福，并不是指春天盛开的花卉。其实，画中花卉来自四季，共计70余种。

　　这些花卉在清代宫廷应该有种植，汪承霈"看见"并画了下来，其中有梅、兰、竹、菊、桃、牡丹、莲、黄蜀葵、茶花等中国传统花卉，也有西番莲、紫茉莉、康乃馨等海外原产的花卉，物种十分丰富。

凤仙花

紫薇

紫茉莉

牵牛

兰

铁线莲

午时花（叶落金钱）

莲

石榴

白百合

茉莉

鸭跖草

蜀葵

金丝桃

红百合

锦葵

栀子

夹竹桃

凌霄

蝇子草

扁豆

萱草

西番莲

白蔷薇

荷花玉兰

凤仙花

玫瑰

蒲公英

甘菊

虞美人

牡丹

黄刺玫

杜鹃

蓝雪花

康乃馨

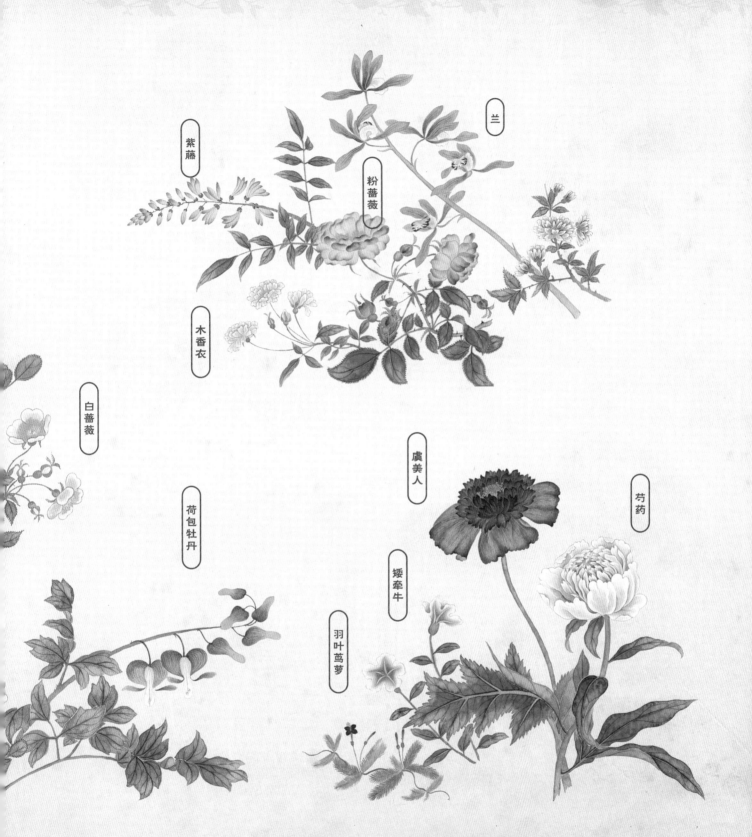

兰

紫藤

粉蔷薇

木香衣

白蔷薇

虞美人

芍药

荷包牡丹

矮牵牛

羽叶茑萝

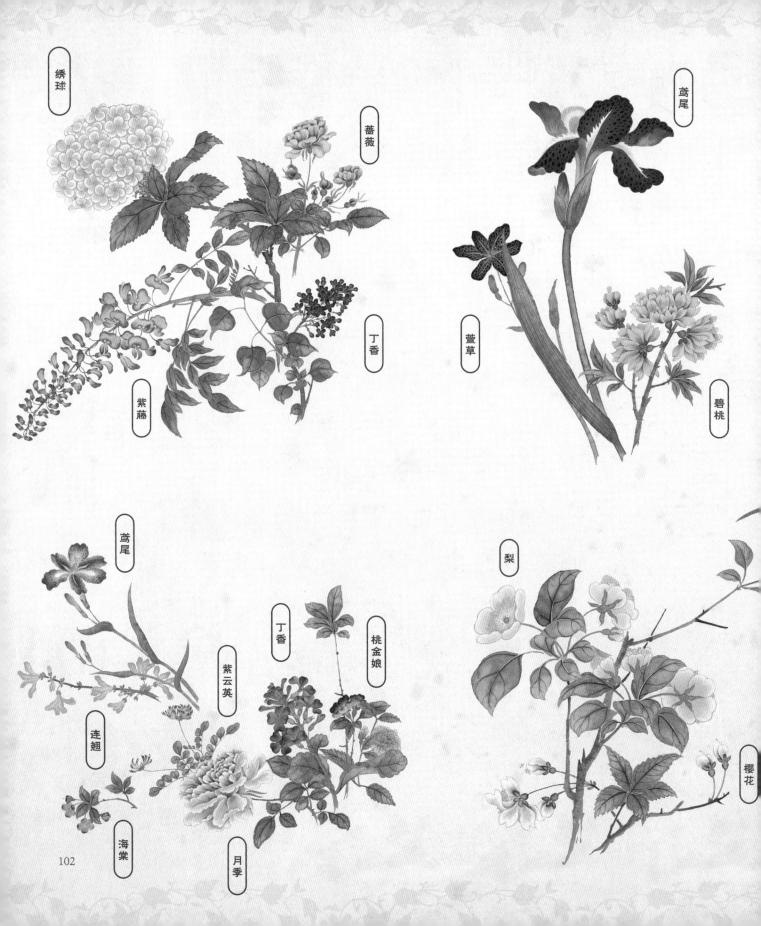

绣球

蔷薇

鸢尾

丁香

萱草

碧桃

紫藤

鸢尾

梨

丁香

桃金娘

紫云英

连翘

海棠

月季

樱花

茶花

海棠

杏

玉兰

海棠

水仙

迎春

兰

梅

近似山矾

参考文献

专著

[1] 罗开玉 . 四川通史（卷二，秦汉三国）[M]. 成都：四川人民出版社，2010.

[2] 刘志远，余德章，刘文杰 . 四川汉代画象砖与汉代社会 [M]. 北京：文物出版社，1983.

[3] 张国刚 . 胡天汉月映西洋：丝路沧桑三千年 [M]. 北京：生活·读书·新知三联书店，2019.

[4] 敦煌研究院 . 敦煌石窟全集 1：再现敦煌 [M]. 香港：商务印书馆，2005.

[5] 纳春英 . 唐代服饰时尚 [M]. 北京：中国社会科学出版社，2009.

[6] 孟凡人 . 北庭和高昌研究 [M]. 北京：商务印书馆，2020.

[7] 徐邦达 . 徐邦达集十：古书画伪讹考辩（壹)[M]. 北京：故宫出版社，2015.

[8] 中国美术全集编辑委员会 . 中国美术全集·绘画编 4·两宋绘画下 [M]. 北京：文物出版社，1988.

[9] 潘富俊 . 草木缘情：中国古典文学中的植物世界 [M]. 北京：商务印书馆，2015.

[10] 黄永川 . 中国插花史 [M]. 杭州：西泠印社出版社，2017.

期刊 / 论文

[1] 王双怀 . "天府之国"的演变 [J]. 中国经济史研究，2009（1）.

[2] 曹蓓蓓，王雨 . 中国古代莲藕文化探析 [J]. 青岛农业大学学报（社会科学版），2016（2）.

[3] 亓军红 . 我国古代荷的种植及其经济文化价值研究 [D]. 南京：南京农业大学，2006.

[4] 周伟洲 . 唐韩休墓"乐舞图"探析 [J]. 考古与文物，2015（6）.

[5] 程旭 . 唐韩休墓《乐舞图》属性及相关问题研究 [J]. 文博，2015（6）.

[6] 郑岩 . 试析唐代韩休墓壁画乐舞图的绘制过程 [J]. 文物，2019（1）.

[7] 葛全胜，方修琦，郑景云 . 中国历史时期气候变化影响及其应对的启示 [J]. 地球科学进展，2014（1）.

[8] 孙昱，彭祚登 . 国槐的历史文化与价值研究 [J]. 北京林业大学学报（社会科学版），2018（2）.

[9] 段文杰 . 供养人画像与石窟 [J]. 敦煌研究，1995（3）.

[10] 王静 . 唐代花卉的种植及其商品化研究 [D]. 重庆：西南大学，2014.

[11] 荣新江 . 从吐鲁番出土文书看古代高昌的地理信息 [J]. 陕西师范大学学报（哲学社会科学版），2016（1）.

[12] 娜仁高娃 . 浅析高昌故城的水系分布 [J]. 吐鲁番学研究，2010（2）.

[13] 竺可桢 . 中国近五千年来气候变迁的初步研究 [J]. 考古学报，1972（1）.

[14] 秦忠文 . 中国传统菊花栽培起源与花文化发展 [D]. 武汉：华中农业大学，2006.

[15] 张珩 . 怎样鉴定书画 [J]. 文物，1964（3）.

[16] 汤晓辛，黄双全 . 花色多样性与变异的研究进展 [J]. 植物分类与资源学报，2012（3）.

[17] 冯冠慧 . 宋代静物画探究 [J]. 美与时代，2019（11）.

[18] 魏华仙 . 宋代花卉的商品性消费 [J]. 农业考古，2006（1）.

[19] 徐吉军 . 南宋临安的花卉消费与市场供应 [J]. 国际社会科学杂志（中文版），2014（2）.

[20] 罗桂环 . 梅史考略 [J]. 自然科学史研究，2013（1）.

[21] 黄小峰 . 拯救郑思肖：一位南宋"遗民"的绘画与个人生活 [J]. 美术研究，2020（4）.

[22] 陈心启 . 中国兰史考辨——春秋至宋朝 [J]. 武汉植物学研究，1988（1）.

[23] 苏宁 . 兰花历史与文化研究 [D]. 北京：中国林业科学研究院，2014.

[24] 唐睿，周钶涵 . 从文徵明《东园图》看明代园林空间的营造 [J]. 美与时代，2016（9）.

[25] 李艺琳 . 明清文人花鸟画中园林花卉的文化意蕴与造景手法研究 [D]. 北京：北京林业大学，2020.

[26] 施錡 . 从"四时"到"月令"：古代画学中的时间观念朔源 [J]. 美术学报，2016（5）.

[27] 崔德卿 . 中国古代的物候和农业（上）[J]. 古今农业，2003（1）.

[28] 陈连山 . 二十四节气：精英与民众共同创造的简明物候历 [J]. 文化遗产，2017（2）.

[29] 武晨明 . 仇英《桃花源图》研究 [D]. 北京：中国艺术研究院，2020.

[30] 陈寅恪 . 桃花源记旁证 [J]. 清华大学学报（自然科学版），1936（1）.

[31] 高丙中 . 端午节的源流与意义 [J]. 民间文化论坛，2004（5）.

[32] 邹琼宇，陈德力，黄园园，等 . 角蒿属植物化学成分及药理活性研究进展 [J]. 中草药，2016（3）.

[33] 张国琛，宋超 . 中国古代蜀葵植物学特性认识和应用考 [J]. 河北农业科学，2021（1）.

[34] 杨伯达 . 清代画院观 [J]. 故宫博物院院刊，1985（3）.

[35] 赵晓燕，徐卉风 . 韶景秋荣——张若霭《画高宗御笔秋花诗》考析 [J]. 圆明园研究，2015（33）.

[36] 贺艳，刘川 . 再现·圆明园九——茹古涵今（上）[J]. 紫禁城，2013（2）.

[37] 王钊 . 殊方异卉：清宫绘画中的域外观赏植物 [J]. 紫禁城，2018（10）.

[38] 张宝鑫，杨洪杰，成仿云 . 北京地区园林植物引种栽植 [J]. 农学学报，2017（11）.

[39] 胡楠 . 北京皇家园林植物种类考证及植物造景研究 [D]. 北京：北京林业大学，2019.

[40] WANG Ya'nan, ZHUANG Huifu, SHEN Yunguang, et al. The Dataset of Camellia Cultivars Names in The World[J]. Biodiversity Data Journal，2021(9).

[41] SONG Xuebin, GAO Kang, FAN Guangxun, et al. Quantitative classification of the morphological traits of ray florets in large-flowered Chrysanthemum[J]. Hort Science, 2018 (9).

[42] WHITTAKER C, DEAN C. The FLC Locus: A Platform for Discoveries in Epigenetics and Adaptation[J]. Annual Review of Cell and Developmental Biology, 2017(33).

[43] CHEN Zhe, NIU Yang, LIU Changqiu, et al. Red Flowers Differ in Shades Between Pollination Systems and Across Continents[J]. Annals of Botany, 2020(5).

[44] FORNARA F, De MONTAIGU A, COUPLAND G. SnapShot: Control of Flowering in Arabidopsis[J]. Cell, 2010(3).

[45] SU Tao, WILF P, HUANG Yongjiang, et al. Peaches Preceded Humans: Fossil Evidence from SW China[J]. Scientific Reports, 2015(5).

图版说明

本书由衷感谢以下名单中的人员提供图片使用权。本书古画（帛画、壁画、画像石、画像砖、纸／绢本画）由以下名单中的机构收藏。

1- **东汉画像砖采莲图（拓本）**，从原画像砖复印品拓印下来；原画像砖出土于四川省德阳市，纵 29.6 厘米 × 横 32.6 厘米，原画像砖和复制品、拓本收藏于重庆中国三峡博物馆，由张谣摄影。巴蜀地形示意图，由张玺格绘制，参考蔡东洲《武胜城：一座与钓鱼城对峙的蒙古军事城堡》，巴蜀史志，2020（1）。

2- **唐代壁画乐舞图**，纵 227 厘米 × 横 392 厘米，2014 年出土于陕西省西安市郭新庄村韩休墓，陕西历史博物馆藏。古代丝绸之路示意图、雪线随温度变化图，由张玺格绘制。芭蕉图、椰枣图，由梁惠然绘制。

3- **唐代壁画都督夫人礼佛图**，段文杰临摹，吴健摄影，纵 313 厘米 × 横 342 厘米，原件绘制在莫高窟 130 窟甬道南壁，图像资料由敦煌研究院提供。北魏壁画九色鹿本生（局部），宋利良摄影，整幅壁画绘制在莫高窟 257 窟，纵 96 厘米 × 横 385 厘米，图像资料由敦煌研究院提供。莫高窟崖面全图（南区），孙儒僴绘制，图像资料由敦煌研究院提供。敦煌石窟分布图，图像资料由敦煌研究院提供。唐代周昉簪花仕女图（局部），绢本设色，整幅画纵 46 厘米 × 横 180 厘米，辽宁省博物馆藏。牡丹，由 jehandmade/Getty Creative 摄影、视觉中国提供。

4- **唐代壁画六屏花鸟图**，纵 150 厘米 × 横 375 厘米，新疆维吾尔自治区吐鲁番市阿斯塔那 217 号墓出土，原址保存；本图片来自《中国出土壁画全集：甘肃·宁夏·新疆》，科学出版社，2012 年。高昌故城示意图，参考黄文弼《吐鲁番考古记》（科学出版社，1954 年）一书中的吐鲁番考察路线图，由张玺格绘制。

5- **北宋（传）赵昌写生蛱蝶图**，纸本设色，纵 27.7 厘米 × 横 91 厘米，故宫博物院藏。菊花的花序和主要瓣型，由梁惠然绘制。宋代朱绍宗菊丛飞蝶图，绢本设色，纵 23.7 厘米 × 横 24.4 厘米，故宫博物院藏。清代钱维城洋菊图，纸本设色，纵 112.7 厘米 × 横 57.5 厘米，台北故宫博物院藏。

6- **南宋赵大亨薇亭小憩图**，绢本设色，纵 24.6 厘米 × 横 25.4 厘米，辽宁省博物馆藏。紫色、赤色、银色的紫薇花，分别由 izzzy71/Getty Creative、joloei/Getty Creative、Wirestock/Getty Creative 摄影、视觉中国提供。宋代诗词中观赏植物出现次数统计图，参考潘富俊《草木缘情：中国古典文学中的植物世界》（商务印书馆，2015 年）第 431~454 页表格，由张丽整理绘制。

7– **南宋李嵩花篮图（夏花）**，绢本设色，纵 19.1 厘米 × 横 26.5 厘米，故宫博物院藏。南宋李嵩花篮图（冬花），绢本设色，纵 26.1 厘米 × 横 26.3 厘米，台北故宫博物院藏。唐代壁画仕女图，昭陵博物馆藏。宋代寒窗读易图（局部），绢本设色，整幅画纵 26.2 厘米 × 横 24.3 厘米，上海朵云轩藏。意大利卡拉瓦乔一篮水果，1597—1600 年，布面油画，纵 54.5 厘米 × 横 67.5 厘米，安布罗西阿纳美术馆藏。南宋李嵩花篮图（春花），绢本设色，纵 21 厘米 × 横 26 厘米，龙美术馆藏。北宋张择端清明上河图卖花的花摊，绢本淡设色，原画纵 24.8 厘米 × 横 528 厘米，故宫博物院藏。

8– **宋末元初郑思肖墨兰图**，纸本水墨，纵 25.7 厘米 × 横 42.2 厘米，大阪市立美术馆藏。春兰、墨兰，由 multibits/Imazins(Creative) 摄影、视觉中国提供。

9– **明代文徵明东园图**，绢本设色，纵 30.2 厘米 × 横 126.4 厘米，故宫博物院藏。明代文徵明《东园图》平面简图，由黄宇辰绘制。

10– **明代周之冕四时花鸟图**，绢本设色，纵 33.3 厘米 × 横 202 厘米，旅顺博物馆藏。模式植物拟南芥的开花调控机理示意图，由张丽整理、张玺格绘制。二十四节气与地球周年运动示意图，由张玺格绘制。清代董诰二十四番花信风图，纸本设色，纵 20 厘米 × 横 14.2 厘米，台北故宫博物院藏。

11– **明代仇英桃花源图**，纸本设色，纵 33 厘米 × 横 472 厘米，波士顿艺术博物馆藏。

12– **清代余穉端阳景图**，纸本设色，纵 137.3 厘米 × 横 68.8 厘米，故宫博物院藏。十二地支与十二月份，由张玺格绘制。清代陈舒天中佳卉图，纸本设色，纵 124 厘米 × 横 40.2 厘米，台北故宫博物院藏。

13– **清代张若霭画高宗御笔秋花诗**，纸本设色，188.5 厘米 ×100.2 厘米，台北故宫博物院藏。清代唐岱、沈源圆明园四十景图咏茹古涵今，绢本设色，64 厘米 ×65 厘米，法国图书馆藏。黄蜀葵结构简图，由刘全儒摄影。清代蒋廷锡凤仙倒挂，纸本设色，纵 24.2 厘米 × 横 22 厘米，台北故宫博物院藏。清代郎世宁海西知时草，纸本设色，136.6 厘米 ×88.6 厘米，台北故宫博物院藏。清代余省海西集卉册朝阳凤，纸本设色，32.4 厘米 ×30.3 厘米，台北故宫博物院藏。清代汪承霈春祺集锦图，纸本设色，42 厘米 ×778.8 厘米，台北故宫博物院藏。

图书在版编目（CIP）数据

画中有花朵 : 中国古画中的花卉世界 / 张丽 , 和尚
猫著 . -- 北京 : 人民邮电出版社 , 2024.7
ISBN 978-7-115-63135-0

Ⅰ . ①画… Ⅱ . ①张… ②和… Ⅲ . ①花卉—中国—
图集 Ⅳ . ① S68-64

中国国家版本馆 CIP 数据核字 (2023) 第 219154 号

花是被子植物特有的繁殖器官，它的出现带来了被子植物在地球上的繁荣盛世。从根据花辨认植物，采集可食用和药用的植物，到发现它的美学价值，花伴随着人类文明的进程。早在远古时代，中国古人便歌咏花，并留下了许多珍贵的资料。

本书选取具有代表性的 13 幅古画，辅助另外 40 余幅相关古画，从东汉到清代，跨越近 2000 年，展现了古代皇家、知识分子、平民生活中的约 90 个花卉物种。它们有的是精神寄托，有的是时节信息，有的是环境点缀……再现了中国花文化的发展脉络。

每幅古画分为 3 个部分进行介绍：古画中的故事、名画记和花卉志，其中穿插地理位置、植物结构等示意图，用来帮助读者理解相关知识点。本书适合青少年以及对花卉、中国绘画、历史文化等感兴趣的成年人阅读。

出版策划：和尚猫文化
出版统筹：赵　静
特邀策划：余　恒
编辑统筹：傅鸿雁　于　水
美术统筹：Lika
责编邮箱：wangzhaohui@ptpress.com.cn

◆ 著　　　　张　丽　和尚猫
责任编辑　王朝辉
责任印制　陈　犇

◆ 人民邮电出版社出版发行　北京市丰台区成寿寺路 11 号
邮编 100164　电子邮件 315@ptpress.com.cn
网址 https://www.ptpress.com.cn
鑫艺佳利（天津）印刷有限公司印刷

◆ 开本：880×1230　1/16
印张：6.75　　　　　2024 年 7 月第 1 版
字数：136 千字　　　2024 年 7 月天津第 1 次印刷
审图号：GS（2023）3729 号

定价：98.00 元

读者服务热线: (010)81055410　印装质量热线: (010)81055316
反盗版热线: (010)81055315
广告经营许可证：京东市监广登字 20170147 号